Biologie cellulaire et moléculaire en QCM

collection
PACES

Biologie cellulaire et moléculaire en QCM

Christophe Chanoine

Professeur des universités
Université Paris Descartes

ellipses

Retrouvez tous les titres de la collection ***PACES***
sur http://www.editions-ellipses.fr

ISBN 9782340000858

32, rue Bargue 75740 Paris cedex 15

www.editions-ellipses.fr

Tous mes remerciements à Aurélie, pour sa contribution à la mise en page de cet ouvrage.

AVANT-PROPOS

Cet ouvrage propose des questions à choix multiples (QCM) concernant le cours de biologie destiné aux étudiants de la première année commune aux études de santé (PACES), tel qu'il est inscrit dans les programmes officiels, datant de 2009.

La réforme des études médicales et la réforme de la PACES justifient particulièrement un tel ouvrage. En effet, si cette réforme impose un socle légitime de connaissances scientifiques communes pour les PAES de toutes les universités, elle entraîne également, dans les universités où le PCEM1 avait une forte dominante scientifique, une réduction du nombre d'heures de cours et de travaux dirigés dans les matières scientifiques, amenant, au final, à une baisse du niveau de formation scientifique initiale.

La mise en place de la PACES et l'augmentation du nombre d'étudiants inscrits qui en découle, ont également imposé un concours basé sur des questions à choix multiples. Suivant les universités, le concours de PACES peut être composé de questions de cours ou au contraire, d'exercices, généralement inspirés de la littérature scientifique moderne, impliquant, pour les résoudre, une réflexion et une démarche scientifique de la part de l'étudiant.

Résoudre un exercice, dans un temps limité, nécessite, au préalable, une parfaite connaissance du cours de biologie. L'objectif de cet ouvrage est de permettre à l'étudiant de vérifier l'acquisition et l'assimilation de ses connaissances en biologie cellulaire et moléculaire ainsi qu'en biologie du développement et de pouvoir ainsi aborder l'examen de façon plus sereine, grâce à des QCM portant sur les différents chapitres du cours de biologie.

Après un premier chapitre traitant des techniques expérimentales de la biologie, la structure et la fonction des différents organites cellulaires propres à la cellule eucaryote sont abordées. Ainsi, au fil des chapitres, sont successivement abordés les différents compartiments cellulaires : l'architecture du cytosquelette et la mobilité cellulaire ; la structure du noyau et les fonctions de réplication, d'expression des gènes et d'échanges nucléocytoplasmiques ; le système membranaire intracellulaire et son rôle dans la synthèse des protéines et le trafic intracellulaire ; la membrane plasmique et les échanges avec le milieu extérieur ; la mitochondrie, la respiration cellulaire et l'apoptose. Enfin, les trois derniers chapitres abordent les phénomènes de la mitose ; les mécanismes de contrôle du cycle cellulaire ainsi que les bases cellulaires et moléculaires du développement.

Dans une deuxième partie de l'ouvrage, tous les QCM sont corrigés, de manière précise, chapitre par chapitre.

L'étudiant souhaitant compléter ou approfondir une question de cours, pourra se référer aux ouvrages publiés précédemment chez Ellipses :

« Bases cellulaires et moléculaires du développement » 2007, C. Chanoine.
« Biologie cellulaire et moléculaire de la cellule eucaryote » 2010, C. Chanoine, F. Charbonnier.
« Bases cellulaires et moléculaires du développement - Méthodes et exercices-» 2ème édition, 2011, C. Chanoine.

Chapitre 1 - Méthodes et techniques - QCM

QCM 1.

A/ Les colorants topographiques sont utilisés en microscopie électronique comme en microscopie optique

B/ La source de photons utilisée en microscopie électronique est plus puissante que celle utilisée en microscopie optique

C/ Les électrons ont un pouvoir de pénétration important ce qui justifie l'utilisation d'une grille porte objet en or pour l'analyse des coupes en microscopie électronique

D/ L'araldite est un fixateur classique de la microscopie optique

E/ Aucune des réponses ci-dessus n'est exacte

QCM 2.

A/ La coloration à l'hémalun-éosine est une coloration topographique qui donne une image anatomique du tissu

B/ La coloration de Feulgen est une technique qui permet de mettre spécifiquement en évidence d'ADN au niveau d'une préparation histologique

C/ Le réactif de Schiff, de la fuschine décolorée, réagit fortement avec les bases puriques, et donne un complexe rouge intense

D/ Le réactif de Schiff peut être utilisé pour mettre en évidence les polysaccharides cellulaires

E/ Aucune des réponses ci-dessus n'est exacte

QCM 3.

La préparation d'une coupe histologique à partir d'un échantillon de tissu pour l'analyse au microscope photonique nécessite une succession d'étapes :

A/ Fixation-lavage-déshydratation-toluène-inclusion dans la paraffine – coupe à l'ultra-microtome- déparaffinage- réhydratation- coloration-déshydratation-montage

B/ Fixation-lavage-déshydratation-toluène-inclusion dans l'épon – coupe au microtome- déparaffinage- réhydratation- coloration-déshydratation-montage

C/ Fixation-lavage-réhydratation-toluène-inclusion dans la paraffine – coupe au microtome- déparaffinage- déshydratation- coloration-réhydratation-montage

D/ Fixation-lavage-déshydratation-toluène-inclusion dans la paraffine – coupe au microtome- déparaffinage- réhydratation- coloration-déshydratation-montage

E/ Aucune des réponses ci-dessus n'est exacte

QCM 4.

Cryofracture/cryodécapage

A/ Dans la technique de cryodécapage, on analyse la surface cellulaire en microscope à balayage

B/ Dans les techniques de cryofacture et de cryodécapage, on analyse, en microscopie électronique, la réplique d'une surface de facture

C/ Le principe de la technique de cryofracture consiste à congeler rapidement l'échantillon avant de le fracturer sous vide et de réaliser un dépôt métallique de platine qui est consolidé par vaporisation de carbone

D/ Dans le cryodécapage, le principe est le même que dans la cryofracture mais une étape de décapage par sublimation supplémentaire a lieu avant l'ombrage au platine

E/ Aucune des réponses ci-dessus n'est exacte

QCM 5.

A/ Une coupe sagittale passe par le plan de symétrie bilatérale de l'organisme étudié

B/ Une coupe frontale passe par un plan perpendiculaire au plan de symétrie bilatérale

C/ Une coupe méridienne passe par le plan de symétrie bilatérale de l'organisme étudié

D/ Une coupe transversale passe par un plan parallèle à l'axe antéro-postérieur

E/ Aucune des réponses ci-dessus n'est exacte

QCM 6.

L'histoautoradiographie :

A/ Utilise un précurseur radioactif marqué au P32

B/ Implique un transfert sur une membrane de nitrocellulose

C/ Met en jeu une phase de « pulse » ou le précurseur non radioactif est fourni pendant une période courte

D Permet d'étudier le lieu de synthèse et le devenir d'une macromolécule

E/ Aucune des réponses ci-dessus n'est exacte

QCM 7.

A/ Dans la centrifugation différentielle, les critères de séparation sont la masse et le volume

B/ Dans la centrifugation isopycnique, les organites cellulaires sont séparés sur un gradient de chlorure de césium

C/ Le facteur temps n'est pas limitant dans une centrifugation de zone

D/ La centrifugation isopycnique permet de séparer les organites en fonction de leur densité

E/ Aucune des réponses ci-dessus n'est exacte

QCM 8.

A/ La PCR utilise des ARN polymérases thermostables isolées de bactéries vivant dans des sources chaudes où la température peut atteindre 90°C

B/ Un cycle de PCR est composé de trois étapes successives : Dénaturation-Elongation- Hybridation des amorces

C/ La technique de RT-PCR peut être utilisée pour cloner un cDNA

D/ La technique de RT-PCR peut être utilisée pour détecter des ARNm présents en faible quantité

E/ Aucune des réponses ci-dessus n'est exacte

QCM 9.

A/ La technique de Northern blot peut permettre de déterminer la taille d'un ARNm

B/ Dans la technique de Northern blot les ARNm ne sont jamais soumis à une dénaturation

C/ La technique de Northern blot implique systématiquement une hybridation de la membrane de nylon (ou de nitrocellulose) avec une sonde nucléique marquée au P32

D/ La technique de Northern blot donne les mêmes informations que l'hybridation in situ

E/ Aucune des réponses ci-dessus n'est exacte

QCM 10.

A/ La technique d'hybridation in situ peut utiliser une sonde ARN antisens marquée au P32

B/ La technique d'hybridation in situ peut être réalisée sur coupe histologique ou sur l'embryon entier

C/ L'hybridation in situ peut permettre d'étudier la localisation spatiale et temporelle d'un ARNm spécifique au cours du développement

D/ L'hybridation in situ utilise systématiquement des ARN antisens marqués à la digoxigénine

E/ Aucune des réponses ci-dessus n'est exacte

QCM 11.

A/ L'immunofluorescence utilise un microscope photonique
B/ L'immunofluorescence indirecte est une technique moins résolutive que l'immunofluorescence directe
C/ la technique d'immunofluorescence utilise un anticorps marqué par un fluorochrome
D/ Dans l'immunofluorescence indirecte, l'anticorps primaire utilisé peut être un anticorps monoclonal ou polyclonal
E/ Aucune des réponses ci-dessus n'est exacte

QCM 12.

La co-immunoprécipitation est une technique :
A/ Très utilisée pour étudier les interactions anticorps-protéine
B/ Qui permet l'étude des interactions protéines-oligosaccharide
C/ Très utilisée pour étudier les interactions protéine-protéine
D/ Qui permet de séparer, en phase liquide, une protéine d'intérêt et les protéines qui lui sont associées grâce à une précipitation à l'acétone.
E/ Aucune des réponses ci-dessus n'est exacte

QCM 13.

L'immunoprécipitation de la chromatine :
A/ Est une technique permettant d'analyser les interactions anticorps-ADN
B/ Implique la purification de complexes ADN-protéines liés après un traitement par du formaldéhyde
C/ Implique un clivage de l'ADN en fragments de 500 à 1000 paires de bases grâce à des enzymes de restriction
D/ Est une technique qui permet d'identifier les sites de liaison d'un facteur de transcription sur l'ADN in situ
E/ Aucune des réponses ci-dessus n'est exacte

QCM 14.

A/ L'interférence ARN peut être utilisée comme stratégie de perte de fonction
B/ Le complexe RISC-ARN interférent n'est pas détruit par la coupure de l'ARNm cible et peut s'associer à nouveau à un autre ARNm cible et le cliver
C/ Le complexe RISC-ARN interférent double brins cible un ARNm et le dégrade
D/ Les siARN sont des petits ARN double brins d'environ 20 paires de bases
E/ Aucune des réponses ci-dessus n'est exacte

QCM 15.

Dans les stratégies antisens :

A/ Les oligomorpholinos antisens sont plus stables que les ARN antisens

B/ Les oligomorpholinos antisens entrainent la dégradation de leur ARNm cible

C/ Les ARN antisens entrainent la dégradation de l'ARNm cible.

D/ Comme les ARN antisens, les oligomorpholinos bloquent la traduction de l'ARNm cible

E/ Aucune des réponses ci-dessus n'est exacte

QCM 16.

Les stratégies dominant-négatif :

A/ Ne peuvent être utilisées que qu'au niveau de l'œuf fécondé d'amphibien

B/ Peuvent être utilisées sur une culture cellulaire

C/ Peuvent être utilisées pour inhiber la fonction d'un récepteur membranaire aussi bien que d'un facteur de transcription

D/ N'empêche pas la synthèse de la protéine d'intérêt endogène

E/ Aucune des réponses ci-dessus n'est exacte

QCM 17.

On peut dire d'un récepteur dominant négatif :

A/ Que c'est un récepteur constitutivement actif

B/ Qu'il est utilisé dans des stratégies de « perte de fonction »

C/ Que c'est un récepteur fonctionnel, d'origine exogène et majoritaire, utilisé pour inhiber, par compétition, la fonction d'un récepteur endogène d'intérêt

D/ Que c'est un récepteur non fonctionnel, d'origine exogène et majoritaire, utilisé pour inhiber la synthèse du récepteur endogène d'intérêt

E/ Aucune des réponses ci-dessus n'est exacte

QCM 18.

Le test de la calotte animale (« animal cap assay ») :

A/ Nécessite une phase de culture cellulaire à 37°C

B/ Peut être utilisée chez la souris comme chez l'amphibien

C/ permet d'analyser la faculté d'un facteur protéique donné à induire l'expression de gènes cibles putatifs

D/ Implique la microdissection d'un territoire embryonnaire compétent

E/ Aucune des réponses ci-dessus n'est exacte

QCM 19.

A/ L'hydroxurée bloque l'entrée des cellules en phase M et est utilisée pour synchroniser les cultures cellulaires

B/ La chromatographie d'affinité est une technique de séparation de molécules véhiculées dans une phase mobile, en fonction de leur interactions avec des ligands fixés sur un support stationnaire

C/ Les ARN totaux sont souvent purifiés par chromatographie d'affinité

D/ Le DAPI est une molécule fluorescente couramment utilisée pour mettre en évidence les acides nucléiques

E/ Aucune des réponses ci-dessus n'est exacte

QCM 20.

A/ Une culture primaire est une culture de cellules qui proviennent directement d'un tissu

B/ La cellule transformée est caractérisée par une perte de l'inhibition de contact, une perte de la dépendance vis-à-vis de l'ancrage, une croissance illimitée, une dépendance importante aux facteurs de croissance et la tumorigénicité

C/ Tous les types cellulaires peuvent être cultivés en milieu liquide

D/ Les lignées cellulaires immortelles provenant de cellules cancéreuses sont le plus souvent aneuploïdes

E/ Aucune des réponses ci-dessus n'est exacte

Chapitre 2 - Membranes biologiques - QCM

QCM 21.

A/ La microscopie à transmission permet de mettre en évidence la structure trilaminaire des membranes biologiques

B/ La technique de cryofracture permet de mettre en évidence une structure trilaminaire et une structure particulaire au niveau des membranes biologiques

C/ Les phospholipides représentent 50 à 70% des constituants lipidiques des membranes biologiques

D/ Lorsque tous les carbones d'une chaine hydrophobe d'acide gras sont reliés par des liaisons simples, la chaine est dite insaturée

E/ Aucune des réponses ci-dessus n'est exacte

QCM 22.

A/ Au contact de l'eau, les molécules lipidiques s'agrègent de façon à masquer leurs régions hydrophiles

B/ En fonction de leur concentration par rapport au milieu aqueux, les molécules lipidiques forment, soit des micelles, soit des feuillets bimoléculaires

C/ Le terme de micelle est un synonyme de liposome

D/ Les liposomes peuvent être utilisés comme vecteurs pour transporter dans les cellules à des fins thérapeutiques ou expérimentales

E/ Aucune des réponses ci-dessus n'est exacte

QCM 23.

A/ Si les phospholipides utilisés pour fabriquer les membranes artificielles sont en majorité saturés, ces membranes sont très fluides

B/ Dans les membranes artificielles comme dans les membranes biologiques,, les molécules lipidiques effectuent des déplacements au sein du feuillet bimoléculaire : diffusion latérale, flexions, rotations et mouvements de flip-flop

C/ La configuration en « cristal liquide » d'une membrane artificielle, avec son caractère ordonné et périodique est caractéristique de la présence de phospholipides en majorité saturés

D/ Les molécules de cholestérol rendent la bicouche lipidique moins déformable et diminue sa perméabilité aux petites molécules hydrophiles

E/ Aucune des réponses ci-dessus n'est exacte

QCM 24.

A/ L'abaissement de la température diminue la fluidité membranaire

B/ Dans une membrane artificielle composée de phospholipides et de polypeptides fortement hydrophobes, l'analyse en microscopie à transmission classique révèle une structure trilaminaire

C/ Les protéines membranaires extrinsèques sont des protéines hydrophiles

D/ Dans une membrane artificielle composée de phospholipides et de polypeptides fortement hydrophiles, l'analyse par cryofracture révèle une structure particulaire intramembranaire

E/ Aucune des réponses ci-dessus n'est exacte

QCM 25.

A/ Les protéines membranaires intrinsèques peuvent être détachées des membranes biologiques en modifiant la force ionique du milieu

B/ Les protéines extrinsèques peuvent facilement être détachées des membranes biologiques isolées sans destruction de la bicouche lipidique

C/ Les détergents sont des petites molécules amphipathiques

D/ Les détergents solubilisent les lipides et les protéines membranaires intrinsèques et forment des micelles à fortes concentrations

E/ Aucune des réponses ci-dessus n'est exacte

QCM 26.

A/ Les protéines intrinsèques sont toutes des protéines transmembranaires

B/ Toutes les protéines transmembranaires possèdent des régions hydrophobes immergées dans la matrice lipidique, où elles forment une ou plusieurs hélices alpha

C/ Les porines sont des protéines transmembranaires que l'on rencontre au niveau de la membrane plasmique

D/ Les porines se présentent comme un «anneau» formé par le passage multiple de 16 feuillets β à travers la bicouche lipidique

E/ Aucune des réponses ci-dessus n'est exacte

QCM 27.

A/ Toutes les protéines intrinsèques sont des protéines hydrophobes

B/ C'est la présence des protéines transmembranaires, en partie immergées dans la matrice lipidique qui explique la structure particulaire observée en cryofracture

C/ Les protéines enchâssées présentent des acides aminés majoritairement hydrophiles mais sont étroitement ancrées dans la matrice lipidique sur la face hyaloplasmique

D/ Les protéines enchâssées sur la face hyaloplasmique d'une membrane biologique sont associées à la membrane au niveau d'une chaine unique d'acide gras

E/ Aucune des réponses ci-dessus n'est exacte

QCM 28.

A/ Les protéines fortement liées à la face cisternaire des membranes biologiques sont liées par une ancre GPI

B/ Les protéines enchâssées sur la face cisternaire des membranes biologiques peuvent être liées par prénylation ou par myristilation

C/ Les radeaux lipidiques sont des microdomaines membranaires connus pour leur résistance aux détergents

D/ Les radeaux lipidiques sont enrichis en cholesterol et en sphingolipides

E/ Aucune des réponses ci-dessus n'est exacte

Chapitre 3 – Cytosquelette – QCM

QCM 29.

A/ Le cytosquelette représente une charpente intra-hyaloplasmique pour la cellule
B/ Plusieurs centaines de microtubules labiles, assemblés en faisceaux, rayonnent dans la cellule à partir du centrosome
C/ Les microfilaments intermédiaires sont solubles et stables
D/ Les microtubules et les microfilaments d'actine et de myosine I sont impliqués dans les mouvements intracellulaires mais pas dans les mouvements amibiens.
E/ Aucune des réponses ci-dessus n'est exacte

QCM 30.

A/ Les microfilaments de myosine II ont un diamètre de 300 A et une longueur d'environ 150 nm
B/ Les microtubules ont un diamètre externe d'environ 140 A
C/ Les microfilaments intermédiaires sont formés par l'assemblage de protéines globulaires et ont un diamètre de 100 A
D/ Les microfilaments sont des cylindres pleins de 5 nm à 15 nm de diamètre
E/ Aucune des réponses ci-dessus n'est exacte

QCM 31.

A/ Le GTP associé au monomère de tubuline α n'est jamais hydrolysé ni échangé
B/ La présence des GTP associés aux tubulines est nécessaire pour qu'il y ait polymérisation des microtubules
C/ L'hydrolyse du GTP associé au monomère de tubuline β est nécessaire à la polymérisation des microtubules
D/ Le monomère de tubuline β est une GTPase
E/ Aucune des réponses ci-dessus n'est exacte

QCM 32.

A/ «L'instabilité dynamique» est un état particulier d'équilibre dynamique entre polymérisation et dépolymérisation dans lequel se maintiennent les axonèmes des flagelles et les microtubules labiles
B/ In vitro, l'extrémité (+) et l'extrémité (-) du microtubule s'allongent ou régressent selon les conditions du milieu
C/ L'extrémité (+) des microtubules labiles est moins dynamique que l'extrémité (-)
D/ In vivo, l'extrémité (+) des microtubules labiles, comme l'extrémité (-), s'allonge ou régresse rapidement
E/ Aucune des réponses ci-dessus n'est exacte

QCM 33.

A/ La zone péricentriolaire du centrosome représente le centre de nucléation des microtubules

B/La concentration en molécules libres de tubulines est homogène et relativement importante en tout point du hyaloplasme

C/ Le centre de nucléation des microtubules représente une zone particulièrement riche en tubulines (a, b et g)

D/ Les complexes gTuRC servent de matrice pour la nucléation des nouveaux microtubules labiles

E/ Aucune des réponses ci-dessus n'est exacte

QCM 34.

A/ L'extrémité (-) des microtubules labiles est stabilisée et associée aux centrioles par les complexes gTuRC et des protéines d'ancrage (MAP)

B/ L'extrémité distale des microtubules labiles est située en direction de la périphérie de la cellule

C/ La dynamique « type » de l'extrémité (+) d'un microtubule labile est la suivante : nucléation – élongation- catastrophe- sauvetage- fonte rapide

D/ Les catastrophines, qui font partie de la superfamille des dynéines, favorisent la dépolymérisation des microtubules

E/ Aucune des réponses ci-dessus n'est exacte

QCM 35.

A/ Les kinésines, comme les dynéines, sont des protéines motrices associées aux microtubules possédant une activité ATPasique

B/ Les kinésines sont, comme les molécules de myosine II, formées de 2 chaînes lourdes associées à quatre chaînes légères

C/ Les dynéines sont composées de deux à trois chaînes lourdes associées à un nombre variable de chaînes légères.

D/ Les kinésines font glisser les structures qui leurs sont associées sur les microtubules de l'extrémité (+) vers l'extrémité (-)

E/ Aucune des réponses ci-dessus n'est exacte

QCM 36.

A/ Certaines kinésines sont capables d'une grande spécificité dans le choix de la cargaison

B/ Comme la kinésine, la dynéine se fixe directement à la membrane biologique de la vésicule/organite à transporter

C/ Les dynéines axonémales sont responsables du glissement les vésicules qui leurs sont associées sur les microtubules de l'axonème des cils et des flagelles de l'extrémité (+) vers l'extrémité (-)

D/ Les dynéines s'associent aux membranes du réticulum endoplasmique et tendent à le regrouper dans la région du centrosome

E/ Aucune des réponses ci-dessus n'est exacte

QCM 37.

A/ Le taxol se fixe aux microtubules et empêche leur polymérisation

B/ Le taxol stabilise les microtubules

C/ La vinblastine se lie aux tubulines libres, ce qui conduit à la dépolymérisation des microtubules

D/ Le nocodazole immobilise les tubulines hyaloplasmiques libres sous forme insoluble et empêche la polymérisation des microtubules

E/ Aucune des réponses ci-dessus n'est exacte

QCM 38.

A/ In vitro, en présence de Mg^{++} et d'ATP, et dans un milieu riche en K^+ (ou en Na^+), les molécules d'actine G se polymérisent en microfilament d'actine F de manière irréversible.

B/ L'actine F se dépolymérise en actine G, in vitro, en présence de Ca^{++} et à des concentrations très faibles de Mg^{++} et K^+

C/ Les microfilaments d'actine F présentent une polarité et sont maintenus dans un état de « ressourçage » permanent assez comparable à l'état d'équilibre dynamique des microtubules

D/ Les protéines Arp (le complexe Arp2/3) accélèrent le phénomène de nucléation conduisant à la formation du microfilament d'actine F

E/ Aucune des réponses ci-dessus n'est exacte

QCM 39.

A/ Les protéines de coiffe stabilisent les microfilaments d'actine F en s'associant à leurs extrémités

B/ L'α-actinine et la fimbrine relient les microfilaments d'actine les uns aux autres dans des arrangements parallèles plus ou moins serrés (fimbrine) ou plus ou moins lâches (α-activine) pour former des faisceaux bidimensionnels

C/ La villine et la fimbrine sont des protéines de fragmentation des microfilaments d'actine

D/ les protéines de fasciculation favorisent l'amorçage des phénomènes d'élongation des microfilaments

E/ Aucune des réponses ci-dessus n'est exacte

QCM 40.

A/ Le taux de Ca++ hyaloplasmique régule l'activité biologique des protéines associées aux actines

B/ La filamine favorise le passage d'un état de cytogel à un état de cytosol

C/ La gelsoline est une protéine de fasciculation à des fortes concentrations de Ca++ hyaloplasmique

D/ L'a-actinine est une protéine associée aux actines impliquée dans la fasciculation comme dans l'ancrage membranaire

E/ Aucune des réponses ci-dessus n'est exacte

QCM 41.

A/ La formation du microfilament d'actine F à partir de l'actine G nécessite toujours la présence de protéines de nucléation

B/ In vitro, en présence de Mg++ et d'ATP, et dans un milieu riche en K+, les molécules d'actine G se polymérisent en filament d'actine F

C/ La spectrine et l'ankyrine sont des protéines d'ancrage membranaire ubiquitaires

D/ Le complexe protéique Arp2/3 est capable d'amorcer la formation de microfilament d'actine F in vitro aussi bien qu'in vivo.

E/ Aucune des réponses ci-dessus n'est exacte

QCM 42.

A/ La phalloïdine provoque la dépolymérisation des microfilaments d'actine

B/ La phalloïdine et la cytochalasine ont des rôles opposés

C/ La cytochalasine bloque in vitro la polymérisation des microfilaments d'actine à l'extrémité (+)

D/ La cytochalasine favorise l'association des microfilaments intermédiaires in vivo

E/ Aucune des réponses ci-dessus n'est exacte

QCM 43.

A/ Les microfilaments de myosine sont des protéines motrices à activité GTPasique

B/ Les myosines I et II sont impliquées dans la liaison aux membranes biologiques et dans les transports de vésicules le long des microfilaments d'actine

C/ La molécule de myosine I assure la contraction musculaire

D/ La molécule de myosine II est composée de deux chaînes lourdes associées à quatre chaînes légères

E/ Aucune des réponses ci-dessus n'est exacte

QCM 44.

A/ La myosine II est spécifique des cellules musculaires

B/ La myosine I, la myosine II et la myosine V sont présentes dans presque toutes les cellules eucaryotes

C/ La myosine V est composée d'une seule chaine lourde

D/ La myosine I comme la myosine II est formée d'un dimère de chaines légères associé à un nombre différent de chaines légères

E/ Aucune des réponses ci-dessus n'est exacte

QCM 45.

A/ Les sous-unités constitutives des microfilaments intermédiaires sont des dimères protéiques allongés doté d'un domaine central en hélice α

B/ Ces dimères protéiques s'associent à la suite l'un de l'autre pour former un protofilament

C/ Ces dimères protéiques s'associent d'abord deux à deux de façon antiparallèle pour former des tétramères

D/ Une succession de tétramères alignés forme un protofilament

E/ Un microfilament intermédiaire est formé de l'association de 9 protofilaments

QCM 46.

A/ Les microfilaments de vimentine sont spécifiques des cellules musculaires

B/ Les microfilaments intermédiaires cytoplasmiques présentent une grande spécificité en fonction du type cellulaire

C/ Les lamines sont des microfilaments intermédiaires nucléaires ubiquitaires

D/ Les microfilaments de desmine sont spécifiques des cellules épithéliales

E/ Aucune des réponses ci-dessus n'est exacte

QCM 47.

Dans un mouvement de reptation (mouvement amibien), on peut affirmer que :

A/ Trois phases se succèdent : protrusion, attachement, traction

B/ Un mouvement dit de « tapis roulant » des microfilaments d'actine pousse les lamellipodes en avant du front de progression

C/ Les intégrines membranaires font le lien entre les protéines de la matrice extracellulaire et les microfilaments de myosine II du cortex cellulaire au niveau des plaques d'adhésion

D/ Un phénomène d'endocytose et d'exocytose dirigées se produit au niveau du front de progression

E/ Aucune des réponses ci-dessus n'est exacte

Chapitre 4 – Noyau - QCM

QCM 48.

L'enveloppe nucléaire :

A/ Est composée de deux membranes biologiques d'environ 6 à 8 A d'épaisseur

B/ Est une membrane biologique qui sépare l'intérieur du noyau du cytoplasme

C/ Est caractérisée par l'association de la lamina à la face nucléoplasmique de la membrane externe

D/ est composée d'une membrane interne et d'une membrane externe en continuité au niveau des complexes de pores

E/ Aucune des réponses ci-dessus n'est exacte

QCM 49.

A / La lamina est constituée de microfilaments intermédiaires nucléaires.

B/ La lamina est une structure fibreuse nucléaire et cytoplasmique

C/ La lamina est une formation intranucléaire d'aspect fibreux épaisse de 150 à 500 A.

D/ La lamina est constituée de 4 types de lamines (A, B, C et D)

E/ Aucune des réponses ci-dessus n'est exacte

QCM 50.

En microscopie optique, la chromatine :

A/ Apparait, après une coloration topographique, composée de régions faiblement colorées formant l'hétérochromatine et de régions fortement colorées formant l'euchromatine

B/ Apparait comme un réseau régulier ayant une forte affinité pour les colorants basiques

C/ Présente une forte affinité pour les colorants basiques

D/ Apparait comme un réseau irrégulier ayant une forte affinité pour les colorants acides

E/ Aucune des réponses ci-dessus n'est exacte

QCM 51.

A/ Les chromocentres correspondent à de l'hétérochromatine facultative

B/ Les plages d'hétérochromatine fortement colorée et dispersées dans l'espace nucléaire sont appelées « chromomère »

C/ La chromatine sexuelle correspond à de l'hétérochromatine constitutive

D/ Le corps de Barr est observé dans 40% des noyaux des cellules des mâles

E/ Aucune des réponses ci-dessus n'est exacte

QCM 52.

En microscopie électronique :

A/ La chromatine trabéculaire observée en microscopie électronique correspond aux chromomères observés en microscopie photonique

B/ La chromatine trabéculaire correspond à des plages d'hétérochromatine facultative dispersées dans l'espace nucléaire

C/ L'hétérochromatine dense constitutive est uniquement localisée à la périphérie du noyau

D/ L'euchromatine est une chromatine dispersée formant un réseau diffus, peu dense aux électrons

E/ Aucune des réponses ci-dessus n'est exacte

QCM 53.

A/ L'hétérochromatine trabéculaire est constituée d'un mélange de fibres A et de fibres B

B/ Les fibres chromatiniennes de type B, constitutives de la chromatine dense constitutive, ont un diamètre 20 nm

C/ La chromatine dense facultative est composée de fibres chromatiniennes de type B

D/ L'euchromatine est composée de fibres A d'un diamètre de 10 nm

E/ Aucune des réponses ci-dessus n'est exacte

QCM 54.

A/ Les centromères forment une partie de la chromatine trabéculaire

B/ Les fibres chromatiniennes sont distribuées et organisées de manière aléatoire dans l'espace nucléaire

C/ Les télomères correspondent aux extrémités des fibres chromatiniennes et correspondent à de la chromatine dense constitutive

D/ Les télomères sont souvent rassemblés à un pôle du noyau, associés à la lamina, et forment une partie de l'hétérochromatine périphérique

E/ Aucune des réponses ci-dessus n'est exacte

QCM 55.

A/ En abaissant la force ionique in vitro, on entraine un passage des fibres B aux fibres A puis à une structure dite « en collier de perle » composée d'une succession de nucléosomes séparés par des liens internucléosomiques

B/ Les granules périchromatiens ont un diamètre de 15 à 30 nm et sont dispersés dans l'ensemble du réseau chromatinien à l'exception du nucléole

C/ La chromatine native est composée exclusivement de fibres chromatiniennes de type B

D/ Les fibrilles périchromatiniennes sont observées en bordure des fibres chromatiniennes de type A et de type B

E/ Aucune des réponses ci-dessus n'est exacte

QCM 56.

Nucléole

A/ Le nombre de nucléoles varie en fonction de la période du cycle cellulaire

B/ Le nucléole représente un état particulier de la chromatine séparé du nucléoplasme par une membrane biologique

C/ En microscopie photonique, le nucléole est caractérisé par : la pars amorpha, le nucléolonéma et la chromatine associée au nucléole

D/ L'analyse en microscopie électronique indique que le nucléolonéma est composé de trois régions, le centre fibrillaire, le composant fibrillaire dense et le composant granulaire

E/ Aucune des réponses ci-dessus n'est exacte

QCM 57.

A/ L'hétérochromatine constitutive associée est abondante à la périphérie du nucléole et s'enfonce profondément au cœur de la structure se mêlant aux autres constituants nucléolaires

B/ Le composant fibrillaire dense, entoure le centre fibrillaire et est composé de nombreuses fibrilles épaisses de 4 à 8 nm et longues de 20 à 40 nm

C/ Le centre fibrillaire, en position la plus interne dans le nucléolonéma, correspond à de l'hétérochromatine formée de fibres peu nombreuses

D/ A la périphérie du nucléolonéma, le composant granulaire est formé par de très nombreux granules électron-denses de 150 à 200 nm de diamètre

E/ Aucune des réponses ci-dessus n'est exacte

QCM 58.

A/ la méthode de feulgen met en évidence les acides nucleiques au niveau du noyau

B/ Les fibrilles périchromatiniens sont des fibrilles d'ADN néosynthétisés associés à des protéines

C/ Les fibrilles du composant fibrillaire dense du nucléole sont des ARNm en cours de synthèse

D/ Les granules périchromatiniens sont des complexes ribonucléo-protéiques

E/ Aucune des réponses ci-dessus n'est exacte

QCM 59.

A/ Le noyau est composé d'environ 75% de protéines et de 25% d'acides nucléiques

B/ La majorité des protéines nucléaires sont des protéines basiques, les histones, pour 55%

C/ La chromatine est composée de 35% d'histones et de 25% de protéines non histones

D/ Le nucléole est composé de 5 à 15% d'ARN, essentiellement ribosomal

E/ Aucune des réponses ci-dessus n'est exacte

QCM 60.

A/ Les domaines N- et C- terminaux des histones sont hydrophobes

B/ Parmi les histones, les histones H3 et H4 sont les plus conservés

C/ Il existe deux types d'histones, les histones de liaison et les histones internucléosomiques

D/ Les histones H2A et H2B sont des histones nucléosomiques caractérisés par l'existence de plusieurs isoformes

E/ Aucune des réponses ci-dessus n'est exacte

QCM 61.

Un octamère d'histones nucléosomiques à la composition suivante :

A/ (2xH3)+(2xH4) + (H2A+H2B)

B/ 2(2xH3)+(2xH4) + 2(H2A+H2B)

C/ (2xH3)+(2xH4) + 2(H2A+H2B)

D/ (2xH3)+ 2(2xH4) + 2(H2A+H2B)

E/ Aucune des réponses ci-dessus n'est exacte

QCM 62.

A/ Le chromatosome est composé d'un octamère d'histones nucléosomiques, de 166 paires de bases et d'une molécule d'histone de liaison H1

B/ Le chromatosome est composé d'un octamère d'histones nucléosomiques, de 146 paires de bases et d'une molécule d'histone de liaison H1

C/ Le nucléosome est composé d'un octamère d'histones nucléosomiques, de 146 paires de bases

D/ Dans le chromatosome, l'histone H1 interagit avec 20 paires de bases désoxynucléotidiques et « verrouille » le nucléosome

E/ Aucune des réponses ci-dessus n'est exacte

QCM 63.

A/ La structure en « solénoïde» ou en « super-boule » est caractéristique de l'euchomatine

B/ La fibre B correspond à un état supérieur de condensation de la fibre chromatinienne

C/ L'interaction entre les histones H1 n'influence pas l'état de condensation de la fibre chromatinienne

D/ La fibre A est composée d'un empilement en colonne de chromatosomes reliés entre eux par les histones H1

E/ Aucune des réponses ci-dessus n'est exacte

QCM 64.

A/ La relaxation de la fibre chromatinienne est associée à la phosphorylation des histones H1 et à l'acétylation des histones H3 et H4

B/ La méthylation des histones H3 et H4 et la méthylation de l'ADN sont associées à la condensation de la fibre chromatinienne

C/ La désacétylation des histones H3 et H4 est associée à l'euchromatine active

D/ La protéine HP1 (hétérochromatin protein 1) est une ADN méthyl-transférase

E/ Aucune des réponses ci-dessus n'est exacte

QCM 65.

A/ La fibre chromatinienne peut aussi être appelée chromatide

B/ Dans le noyau de la cellule humaine, le support du génome est constitué par 46 types différents de molécules d'ADN

C/ Dans la cellule eucaryote, la fibre chromatinienne est formée par une molécule d'ADN circulaire associée à des histones et des protéines non histones

D/ Une chromatide est composée d'une molécule d'ADN associée à des histones et des protéines non histones et correspond à un chromosome monochromatidien

E/ Aucune des réponses ci-dessus n'est exacte

QCM 66.

A/ Le noyau d'une cellule humaine diploïde en phase G1 comporte 46 chromatides

B/ Le noyau d'une cellule humaine diploïde en phase G2 comporte 46 chromosomes monochromatidiens formant 23 groupes de 2 chromosomes monochromatidiens homologues

C/ Le noyau d'une cellule diploïde humaine en phase G1 comporte 46 chromosomes bichromatidiens

D/ Le noyau d'une cellule diploïde humaine en phase G1 est composé de 6 picogrammes d'ADN

E/ Aucune des réponses ci-dessus n'est exacte

QCM 67.

A/ L'hétérochromatine facultative correspond à des domaines chromatiniens riches en séquences informatives (gènes) actives et correspond à des territoires chromosomiques R

B/ L'euchromatine correspond à des domaines chromatiniens riches en séquences informatives (gènes) actives et correspond à des territoires chromosomiques G

C/ L'hétérochromatine constitutive correspond à des domaines chromatiniens pauvres en séquences informatives (gènes)

D/ Les domaines chromatiniens riches en séquences informatives (gènes) inactives sont localisés dans la zone périphérique du noyau

E/ Aucune des réponses ci-dessus n'est exacte

QCM 68.

A/ Dans l'autoradiographie, la pulse, permet de mettre en évidence le lieu de synthèse de la macromolécule étudiée

B/ La réplication de l'ADN peut être étudiée par autoradiographie en utilisant de la thymidine tritiée

C/ Le bromodésoxyuridine est utilisé pour mettre en évidence le phénomène de transcription

D/ La réplication de l'ADN s'effectue suivant un mode semi-conservatif

E/ Aucune des réponses ci-dessus n'est exacte

QCM 69.

A/ La réplication de l'ADN est bidirectionnelle à partir d'une origine de réplication par molécule d'ADN linéaire

B/ La réplication de l'ADN est contrôlée par un complexe multienzymatique, le réplisome

C/ La réplication de l'ADN se produit au niveau des fibres de type A comme des fibres de type B

D/ La vitesse de réplication bidirectionnelle de l'ADN est de 200 nucléotides/seconde

E/ Aucune des réponses ci-dessus n'est exacte

QCM 70.

A/ La réplication de l'ADN cellulaire a lieu exclusivement au cours de la phase S

B/ Les fibres chromatiniennes sont elles-mêmes dupliquées lors du phénomène de réplication de l'ADN

C/ Juste avant la duplication des fibres chromatiniennes, en phase G1, il y a une forte activité de synthèse des histones

D/ La structure en nucléosomes des fibres chromatiniennes est durablement remaniée durant la phase S.

E/ Aucune des réponses ci-dessus n'est exacte

QCM 71.

A/ Les origines de réplication sont séparées les unes des autres par des intervalles de 3000 à 30000 paires de bases, dans le génome humain

B/ Les origines de réplication correspondent à des segments d'ADN d'environ 100 paires de bases caractérisés par une séquence consensus comportant environ 11 paires de bases riches en adénine et thymine

C/ Les origines de réplication occupent une position aléatoire dans l'espace nucléaire

D/ Il existe environ 20000 origines de réplication par génome diploïde humain

E/ Aucune des réponses ci-dessus n'est exacte

QCM 72.

A/ Dans l'espèce humaine, la phase S est d'environ 7 heures

B/ Dans l'espèce humaine, la réplication de l'ADN dure environ 17h

C/ Toutes les origines de réplication sont activées dés le début de la phase S

D/ Au cours de la phase S, il existe 3 vagues de réplication qui rendent compte de l'état de condensation de la chromatine

E/ Aucune des réponses ci-dessus n'est exacte

QCM 73.

A/ L'histoautoradioraphie permet d'étudier le lieu de synthèse, la maturation et le devenir des ARN

B/ La transcription des gènes nucléaires se passe exclusivement au niveau du noyau

C/ La transcription se fait uniquement au niveau de l'euchromatine

D/ Les ARN sont synthétisés à partir des unités de transcription situées au niveau des fibres B

E/ Aucune des réponses ci-dessus n'est exacte

QCM 74.

A/ La transcription a lieu au niveau de la chromatine dispersée et au niveau du composant granulaire du nucléole

B/ Les fibrilles périchromatiniennes et celles du composant fibrillaire dense du nucléole représentent les premiers produits de la transcription (ARN naissants)

C/ Les ARN sont synthétisés durant toute l'interphase

D/ Les granules périchromatiniens sont des ARN néo-synthétisés associés à des protéines

E/ Aucune des réponses ci-dessus n'est exacte

QCM 75.

A/ Les ARN polymérases sont des gros complexes protéiques d'environ 100 nm de diamètre

B/ L'ARN pol I est impliquée dans la transcription des gènes codant tous les ARNr

C/ L'ARN pol II est impliquée dans la transcription des gènes de structure

D/ L'ARN pol III est impliquée dans la transcription des gènes codant les ARNt

E/ Aucune des réponses ci-dessus n'est exacte

QCM 76.

A/ Le promoteur du gène est un segment d'ADN le plus souvent en aval de la séquence transcrite

B/ Le promoteur du gène contient des éléments de réponses qui sont des sites de fixation des facteurs de transcription

C/ Le promoteur du gène est transcrit par l'ARN pol II

D/ Les enhancers et les silencers sont des éléments de régulations (ADN) éloignés du promoteur

E/ Aucune des réponses ci-dessus n'est exacte

QCM 77.

A/ La transactivation d'un gène implique généralement des facteurs de transcription, des coactivateurs et des enzymes de remodelage de la chromatine

B/ La transactivation d'un gène implique généralement des facteurs de transcription, des coactivateurs et des histone acétyltransférases

C/ La transrépression d'un gène implique généralement des facteurs de transcription, des corepresseurs et des histone déacétylases

D/ La protéine TBP fait partie du complexe d'initialisation de la transcription

E/ Aucune des réponses ci-dessus n'est exacte

QCM 78.

A/ L'ARN transcrit à partir du brin d'ADN matriciel (informatif) est complémentaire et antiparallèle à ce brin

B/ L'ARN transcrit a une séquence polynucléotidique complémentaire à celle du brin d'ADN sens

C/ Les ARN polymérases se déplacent à une vitesse de 300 à 400 nucléotides/seconde

D/ Par convention un gène est défini par rapport au brin antisens du gène

E/ Aucune des réponses ci-dessus n'est exacte

QCM 79.

A/ 75% de l'ADN nucléaire code pour des « instructions » intervenant d'une manière ou d'une autre dans la protéosynthèse

B/ L'ADN informatif représente environ 25% de l'ADN nucléaire

C/ Les gènes ubiquitaires sont toujours transcrits dans tous les types cellulaires

D/ Les gènes de luxe ne sont transcrits que dans les cellules totipotentes

E/ Aucune des réponses ci-dessus n'est exacte

QCM 80.

A/ Il existe 2 types de gènes à ARNr
B/ Les gènes de routine sont toujours des gènes redondants
C/ Les gènes codant des microARN sont des gènes de structure
D/ Les gènes à ARNt comme les gènes à ARNr sont des gènes redondants
E/ Aucune des réponses ci-dessus n'est exacte

QCM 81.

A/ Parmi les gènes tissus-spécifiques, il y a des gènes codant les microARN
B/ Les gènes de luxe non transcrits dans un type cellulaire correspondent à de l'hétérochromatine constitutive
C/ Les gènes de luxe sont transcrits dans tous les types cellulaires
D/ Tous les gènes de structure sont des gènes de luxe
E/ Aucune des réponses ci-dessus n'est exacte

QCM 82.

A/ Contrairement à l'hétérochromatine constitutive, l'hétérochromatine facultative est composée de fibres chromatiniennes de type A
B/ L'hétérochromatine facultative est caractérisée par la méthylation de l'histone H3, la phosphorylation des histones H1 et H2B et un ADN fortement méthylé
C/ La méthylation de l'ADN est toujours associée à des phénomènes d'activation de la transcription
D/ Les schémas de méthylation de l'ADN sont modifiés à chaque génération cellulaire
E/ Aucune des réponses ci-dessus n'est exacte

QCM 83.

A/ L'ADN satellite correspond à de l'hétérochromatine facultative
B/ L'ADN satellite est composé de fibres chromatiniennes de type B
C/ L'ADN satellite est un ADN hautement méthylé
D/ L'ADN satellite est un ADN hautement répétitif
E/ Aucune des réponses ci-dessus n'est exacte

QCM 84.

A/ Les séquences centrosomiques et télomériques sont composées d'ADN satellite

B/ Les zones péricentromériques de certains chromosomes sont constituées d'ADN satellite

C/ L'ADN satellite télomérique est constitué de séquences répétées de 6 paires de bases AATAAA

D/ L'ADN satellite télomérique est impliqué dans l'ancrage des télomères dans la lamina

E/ Aucune des réponses ci-dessus n'est exacte

QCM 85.

A/ La maturation des ARNm est uniquement post-transcriptionnelle

B/ Lors de la maturation des ARNm, une coiffe de guanosine méthylée est associée à l'extrémité 3' du transcrit primaire

C/ L'adjonction d'une séquence poly A en 3' du transcrit primaire est caractéristique de la maturation des ARNm

D/ Les ARN polymérase se déplacent de 3' en 5' sur le brin d'ADN antisens

E/ Aucune des réponses ci-dessus n'est exacte

QCM 86.

A/ Au cours de la transcription d'un ARNm, une endonucléase coupe 10 à 20 nucléotides en amont d'une séquence signal AAUAAA

B/ Des complexes ribonucléoprotéiques s'associent de manière co-transcriptionnelle à l'ARNm en cours de synthèse

C/ Un ARNm est caractérisé par une coiffe de guanosine méthylée en 3' et une séquence poly A en 5'

D/ La séquence poly A et la coiffe de quanosine méthylée de l'ARNm participe à la stabilité du transcrit

E/ Aucune des réponses ci-dessus n'est exacte

QCM 87.

A/ Les gènes codant les ARNm ont une structure morcelée

B/ Tous les introns sont excisés au cours de la maturation de l'ARNm

C/ Tous les exons sont excisés au cours de la maturation de l'ARNm

D/ L'ARNm mature est composé de séquences exoniques entourées d'une séquence poly A en 5' et d'une coiffe de guanosine méthylée en 3'

E/ Aucune des réponses ci-dessus n'est exacte

QCM 88.

A/ La fonction du splicéosome est d'épisser les introns et d'exciser les exons

B/ Les snurps sont des complexes ribonucléoprotéiques d'un diamètre d'environ 10 nm

C/ Le splicéosome est composé de 5 snurps : U1, U2, U3, U4 et U5

D/ Un snurps est composé d'un petit ARN riche en uridines et d'une dizaine de protéines

E/ Aucune des réponses ci-dessus n'est exacte

QCM 89.

A/ Un centre fibrillaire correspond à un organisateur nucléolaire

B/ L'organisateur nucléolaire est une portion de fibre chromatinienne de type A portant 20 copies du gène à ARNr 45S

C/ Les molécules d'ARNr 45S naissant forment les fibrilles du composant fibrillaire dense

D/ L'ARN polymérase de type III transcrit le gène à ARNr 45S

E/ Aucune des réponses ci-dessus n'est exacte

QCM 90.

A/ Les chromosomes humains 13, 14, 15, 21 et 22 sont porteurs d'un organisateur nucléolaire

B/ Par stock diploïde de chromosomes humains, 5 sont porteur d'un organisateur nucléolaire

C/ Tous les organisateurs nucléolaires sont regroupés dans la même région du noyau

D/ Le stock diploïde de chromosomes humains comporte 400 gènes à ARNr 45S

E/ Aucune des réponses ci-dessus n'est exacte

QCM 91.

A/ Des protéines et de l'ARNr 5,8S s'associent à l'ARNr 45S naissant

B/ Le gros nucléole observé en fin de phase G1 est le résultat d'une activité transcriptionelle importante au niveau des organisateurs nucléolaires

C/ L'ARNr 5S n'est pas transcrit au niveau du nucléole

D/ Les structures en arbre de noël sont caractéristiques des gènes à ARNr 45S en cours de transcription

E/ Aucune des réponses ci-dessus n'est exacte

QCM 92.

A/ La maturation de l'ARNr 45S par des clivages et des retraits de séquences nucléotidiques

B/ La maturation de l'ARNr 45S est caractérisée par des phénomènes excision-épissage

C/ La maturation de l'ARNr 45S conduit à 3 ARNr : l'ARNr 28S, l'ARNr 18S et l'ARNr 5S

D/ Le snurps U2 est impliqué dans la maturation des ARNr 45S

E/ Aucune des réponses ci-dessus n'est exacte

QCM 93.

A/ La maturation des ARNt est caractérisée par l'ajout d'une séquence CCA 3' terminale

B/ La grande sous-unité ribosomale est formée de 49 polypeptides, l'ARNr 28S, l'ARNr 5,8S et l'ARNr 5S

C/ L'ARNr 5S est codé par le chromosome 1 chez l'homme

D/ La petite sous-unité ribosomale à un coefficient de sédimentation de 60S

E/ Aucune des réponses ci-dessus n'est exacte

QCM 94.

A/ Le complexe de pore est caractérisé par un canal de libre diffusion et un canal de transport actif

B/ Le diamètre du central peut varier de de 10 à 30 nm

C/ Les complexes de pores s'organisent suivant une symétrie octogonale

D/ les nucléoporines sont les protéines constitutives du complexe de pore

E/ Aucune des réponses ci-dessus n'est exacte

QCM 95.

A/ Les huit canaux périphériques de libre diffusion permettent le transport des molécules ayant une masse supérieure à 40 000 Da

B/ Le canal central est impliqué dans un transport sélectif qui nécessite de l'énergie

C/ Le canal central permet le passage de molécules ayant un diamètre inférieur à 30 nm

D/ Le canal central permet la sortie des ribosomes en direction du cytoplasme

E/ Aucune des réponses ci-dessus n'est exacte

QCM 96.

A/ Les protéines importées dans le noyau sont porteuses d'une séquence de localisation nucléaire (SNL) composée de 4 à 6 acides aminés riches en leucine et en phénylalanine

B/ La SNL est reconnue par des récepteurs d'importation appelés importines

C/ La GTPase Rab contrôle le transport bidirectionnel à travers le complexe de pore nucléaire

D/ Les nucléoporines forment des fibrilles qui contiennent des courtes répétitions de phénylalanine et de glycine (répétitions FG) qui servent de site de liaison aux récepteurs d'importation

E/ Aucune des réponses ci-dessus n'est exacte

QCM 97.

A/ C'est le gradient des deux conformations de la GTPase Ran qui est responsable du transport nucléaire dans la bonne direction

B/ Dans la plupart des cas, les ARN passent à travers le pore nucléaire sous forment de ribonucléoprotéines (RNP)

C/ L'élément protéique de la RNP possède des séquences d'acides aminés, appelées signaux d'exportation nucléaire (SEN) reconnues par des récepteurs d'exportation appelés exportines

D/ Les pré-ribosomes quittent le noyau par l'intermédiaire du canal de libre diffusion du complexe de pore

E/ Aucune des réponses ci-dessus n'est exacte

Chapitre 5 - Système membranaire intracellulaire - QCM

♦ *REG-REL-Appareil de Golgi*

QCM 98.

A/ Dans les acini pancréatique, les grains de zymogènes sont des vésicules de sécrétion
B/ Les grains de zymogènes contiennent des enzymes digestives
C/ Les grains de zymogènes contiennent du trypsinogène et du chymotrypsinogène
D/ L'acinus pancréatique est composé d'une cellule acineuse
E/ Aucune des réponses ci-dessus n'est exacte

QC 99.

A/ L'ergastoplasme correspond au réticulum endoplasmique
B/ L'ergastoplasme correspond à des formations basophiles en microscopie électronique
C/ L'ergastoplasme a une localisation principalement basale dans la cellule acineuse pancréatique
D/ La notion d'ergastoplasme est associée à la notion d'activité sécrétoire
E/ Aucune des réponses ci-dessus n'est exacte

QC 100.

A/ Des polysomes sont associés à la face hyaloplasmique du REG
B/ Le réticulum endoplasmique est un réseau de membranes biologiques (75- 80 A) délimitant des cavités ou citernes
C/ Les polysomes sont toujours associés aux membranes du réticulum endoplasmique granulaire
D/ Les membranes du REG sont en continuité avec la membrane externe de l'enveloppe nucléaire
E/ Aucune des réponses ci-dessus n'est exacte

QCM 101.

A/ Le réticulum endoplasmique lisse (REL) est toujours plus développé que le REG
B/ En microscopie optique, l'appareil de Golgi apparait sous forme de structures argyrophiles
C/ Les dictyosomes golgiens sont composés d'un empilement de saccules visibles en microscopie optique
D/ Les dictyosomes golgiens sont composés de cinq compartiments fonctionnels
E/ Aucune des réponses ci-dessus n'est exacte

QCM 102.

A/ Au niveau du dictyosome, la face cis est la face de maturation et la face trans, la face de formation
B/ Les différents saccules du dictyosome sont reliés entre eux par des vésicules et des canalicules latéraux
C/ Les membranes du REG sont en continuité avec les saccules cis Golgien par l'intermédiaire des vésicules de transition
D/ Les cavités des saccules golgiens sont limitées par des membranes biologiques d'une épaisseur de 50-75 A
E/ Aucune des réponses ci-dessus n'est exacte

QCM 103.

A/ Les NANA transférases sont détectées au niveau du compartiment trans golgien
B/ L'analyse in situ ne permet pas d'avoir des informations sur la composition chimique du Golgi
C/ Les GlcNAc transférases sont détectées au niveau du compartiment cis golgien
D/ Les mannosidases sont détectées uniquement au niveau du compartiment cis golgien
E/ Aucune des réponses ci-dessus n'est exacte

QCM 104.

A/ Une fraction microsomes rugueux peut être purifiée par une succession de centrifugations différentielles simples
B/ La fraction microsomes rugueux obtenue lors d'un fractionnement cellulaire correspond à une fraction «membranes du REG»
C/ La fraction «vésicules lisses» obtenue lors d'un fractionnement cellulaire correspond à une fraction membranaire associée à des ribosomes
D/ La centrifugation isopycnique permet la séparation d'organites cellulaires ou de molécules en fonction de leur masse
E/ Aucune des réponses ci-dessus n'est exacte

QCM 105.

A/ A partir d'une fraction «microsomes rugueux», la fraction «membranes» est plus riche en lipides qu'en protéines
B/ La fraction « membranes » purifiée à partir de microsomes rugueux présente une asymétrie dans la répartition des protéines
C/ Les membranes du REL sont plus riches en protéines que les membranes du REG
D/ Les membranes du REL présentent de nombreuses enzymes de détoxification
E/ Aucune des réponses ci-dessus n'est exacte

QCM 106.

A/ Les membranes des saccules golgiens contiennent environ 50% de protéines et 50% de lipides

B/ Le REG et l'appareil de Golgi sont des supports architecturaux important de la cellule

C/ Toutes les protéines sont synthétisées au niveau du REG

D/ La glycosylation N-liée se déroule exclusivement au niveau du Golgi

E/ Aucune des réponses ci-dessus n'est exacte

QCM 107.

A/ Le déplacement du ribosome sur l'ARNm se fait de 3' en 5'

B/ Les ARNr sont traduits au niveau des polysomes libres

C/ Les ARNt amènent l'acide aminé au complexe ribosome/ARNm

D/ La structure en « feuille de trèfle » de l'ARNt est le résultat de l'association de l'ARNt avec avec l'ARNm

E/ Aucune des réponses ci-dessus n'est exacte

Protéines sécrétées

QCM 108.

A/ Les protéines sécrétées sont synthétisées sur la face cisternaire des membranes du REG

B/ Après leur synthèse, les protéines sécrétées sont transférées dans le compartiment lysosomal

C/ Après leur synthèse, les protéines sécrétées sont transférées du REG au REL

D/ Les vésicules de sécrétion bourgeonnent à partir de la face cis des dictyosomes golgiens

E/ Aucune des réponses ci-dessus n'est exacte

QCM 109.

A/ Les ARNm codant des protéines de sécrétion possèdent en aval du codon d'initiation, une séquence spécifique de 10 à 30 codons codant des acides aminés hydrophobes

B/ Au début de la traduction, le complexe ARNm-ribosome est associé à la membrane du REG

C/ Les 10 à 30 acides aminés traduits initialement constituent la particule de reconnaissance du signal

D/ En début de traduction, la séquence peptidique signal reste enfouie dans le ribosome

E/ Aucune des réponses ci-dessus n'est exacte

QCM 110.

A/ L'ARN de la particule de reconnaissance du signal (PRS) est traduit au niveau des polysomes libres

B/ La particule de reconnaissance du signal est composée de 6 polypeptides et d'un petit ARN

C/ L'ARN de la PRS présente plusieurs appariements de séquences complémentaires

D/ La PRS est un complexe désoxyribonucléoprotéique

E/ Aucune des réponses ci-dessus n'est exacte

QCM 111.

A/ L'interaction PRS-séquence peptidique signal détermine le devenir (hyaloplasmique ou endomembranaire) de la protéine synthétisée

B/ Le complexe Sec 61 est un récepteur hyaloplasmique à la PRS

C/ La liaison PRS-séquence peptidique signal bloque temporairement la traduction

D/ La PRS sert d'étiquette permettant au complexe PRS-ribosome-polypeptide naissant de s'unir spécifiquement sur la face hyaloplamique du RE

E/ Aucune des réponses ci-dessus n'est exacte

QCM 112.

A/ Le complexe Sec 61 est un complexe membranaire d'encrage et de translocation

B/ La liaison du complexe PRS-ribosome-polypeptide naissant à la membrane du RE implique au moins 2 interactions : l'une entre la PRS et le récepteur à la PRS et l'autre entre le ribosome et le complexe Sec 61

C/ Le complexe Sec 61 est composé de trois protéines transmembranaires

D/ Le récepteur à la PRS fait partie du complexe Sec 61

E/ Aucune des réponses ci-dessus n'est exacte

QCM 113.

A/ Le ribosome est ancré à la membrane du RE par des interactions entre sa petite sous unité et le translocon

B/ La séquence peptidique signal n'est reconnue que par la PRS

C/ Une fois le ribosome ancrée à la membrane du RE, la PRS se décroche de la séquence peptidique signal et la traduction reprend

D/ Libérée de la PRS, la séquence peptidique signal s'enfonce dans la membrane du REG à travers le translocon qui forme un canal de translocation.

E/ Aucune des réponses ci-dessus n'est exacte

QCM 114.

A/ La translocation des protéines dans les citernes du REG est cotraductionnelle comme celle des protéines dans la mitochondrie

B/ Plusieurs étapes de la synthèse des protéines de sécrétion sont contrôlées par les protéines G et le GTP

C/ La PRS comme le récepteur à la PRS possèdent une protéine G

D/ L'hydrolyse du GTP associé au récepteur à la PRS entraine la fermeture du transclocon

E/ Aucune des réponses ci-dessus n'est exacte

QCM 115.

A/ Lorsque tout le polypeptide est transloqué dans la citerne du REG, la séquence peptidique signal est excisée par une endonucléase membranaire

B/ Les protéines BIP (Binding Proteins) impliquées dans l'acquisition de la conformation tridimensionnelle du polypeptide en cours de translocation dans la citerne du REG font partie de la famille Hsp 70

C/ Comme au niveau hyaloplasmique, des isomérases (PDI), catalysent la formation de liaisons disulfure au niveau du polypeptide néo-synthétisé dans la citerne du REG

D/ Dans la citerne du REG, le polypeptide naissant est pris en charge par des protéines chaperons qui assurent son reploiement correct

E/ Aucune des réponses ci-dessus n'est exacte

QCM 116.

A/ Un polypeptide correctement reployé dans la citerne du REG peut repasser dans le hyaloplasme grâce au translocon

B/ Les protéines résidentes sont caractérisées par un signal de rétention C-terminal, la séquence KKEK

C/ Dans le REG, seuls les polypeptides convenablement reployés sont libérés des BIP et expédiés vers les dictyosomes

D/ Les polypeptides n'ayant pas atteint leur reploiement correct dans la citerne du REG sont exportés du REG vers le cytosol ou elles sont dégradées par les lysosomes

E/ Aucune des réponses ci-dessus n'est exacte

Protéines membranaires

QCM 117.

A/ Les protéines membranaires intrinsèques sont synthétisées au niveau des polysomes libres dans le hyaloplasme

B/ Les protéines transmembranaires possèdent une séquence d'initiation du transfert toujours située dans la région N-terminale du polypeptide naissant

C/ Pour une protéine transmembranaire, les séquences de traversée de la bicouche lipidique sont généralement des feuillets β

D/ Les protéines transmembranaires possèdent une ou plusieurs séquences peptidiques signal d'arrêt du transfert

E/ Aucune des réponses ci-dessus n'est exacte

QCM 118.

A/ Les protéines extrinsèques situées sur la face hyaloplasmique du REG sont synthétisées comme les protéines de sécrétion

B/ Les protéines extrinsèques situées sur la face cisternaire de la membrane du REG sont synthétisées par des polysomes libres hyaloplasmiques

C/ Les protéines intrinsèques fortement liées à la face cisternaire du REG sont liées de façon covalente par prénylation à la bicouche lipidique

D/ Les protéines intrinsèques fortement liées à la face hyaloplasmique du REG sont liées de façon covalente par une ancre GPI à la bicouche lipidique

E/ Aucune des réponses ci-dessus n'est exacte

Glycosylation des protéines

QCM 119.

A/ Les oligosaccharide O-lié sont fixé sur le OH latéral d'une sérine ou d'une thréonine

B/ Les oligosaccharides N-lié ont un précurseur commun de 14 résidus qui est fixé au polypeptide dans le REG sur le NH2 latéral d'une asparagine dans une séquence Asn-X-Thr/Ser ou X peut être tout résidu sauf une valine

C/ Le dolichol est un glycolipide membranaire

D/ Le précurseur commun au oligosaccharide N-lié subit des retraits de résidus au niveau des citernes du REG

E/ Aucune des réponses ci-dessus n'est exacte

QCM 120.

A/ La calnexine est une protéine chaperon ancrée sur la face hyaloplasmique de la membrane du REG

B/ Les cycles d'addition et d'excision de glucoses au niveau de l'oligosaccharide N-lié dans le REG participe au contrôle de l'exportation de la glycoprotéine correctement reployée vers le golgi

C/ La calréticuline est une protéine chaperon impliquée dans le reploiement des glycoprotéines dans le REG

D/ Seules les glycoprotéines correctement reployées quittent le REG pour le Golgi

E/ Aucune des réponses ci-dessus n'est exacte

QCM 121.

A/ La glycosylation des protéines est un phénomène cotraductionelle

B/ Dans les saccules golgiens, l'oligosaccharide N-lié subit un retrait séquentiel de plusieurs résidus osidiques

C/ On observe deux classes majeurs d'oligosaccharides N-liés

D/ Les oligosaccharides mannoses sont caractérisés par le retrait des quelques résidus mannose dans les saccules cis golgien et l'ajout de résidus galactose

E/ Aucune des réponses ci-dessus n'est exacte

QCM 122.

A/ La glycosylation d'un polypeptide peut être tissu-dépendante

B/ On ne peut pas trouver des oligosaccharides N-liés et de oligosaccharides O-liés associés au même polypeptide

C/ La glycosylation rend les polypeptides plus résistants à la protéolyse

D/ Un même polypeptide peut être glycosylé par plusieurs oligosaccharides

E/ Aucune des réponses ci-dessus n'est exacte

♦ *Trafic cellulaire*

QCM 123.

A/ Les vésicules qui bourgeonnent à partir du REG et des saccules du dictyosome sont recouvertes d'un manteau protéique de coatomères

B/ Les vésicules mantelées de coatomères Cop I font la navette entre les saccules du dictyosome

C/ Les vésicules mantelées de coatomères Cop II vont du REG vers les saccules cis du dictyosome ou correspondent à des vésicules de sécrétion controlée

D/ Les coatomères de type Cop II associent 6 types différents de polypeptides

E/ Aucune des réponses ci-dessus n'est exacte

QCM 124.

A/ La GTPase ARF est impliquée dans le bourgeonnement des vésicules mantelées de coatomères Cop II

B/ Le manteau de coatomères implique un contenu vésiculaire très spécifique

C/ La formation des vésicules mantelées de coatomères implique une GTPase

D/ ARF-GDP se fixe à la membrane et déclenche l'assemblage du manteau de coatomères Cop I

E/ Aucune des réponses ci-dessus n'est exacte

QCM 125.

A/ Les vésicules mantelées de clathrine assurent des transports spécifiques

B/ Le manteau de clathrine forme un réseau polyédrique associé à des récepteurs transmembranaires

C/ Les adaptines se lient à la fois aux triskelions de clathrine et aux récepteurs transmembranaires liés aux substrats

D/ La clathrine associée 3 chaines lourdes et trois chaines légères dans une structure appelée triskélion

E/ Aucune des réponses ci-dessus n'est exacte

QCM 126.

A/ Il existe plusieurs types d'adaptines assurant différentes étapes du transport vésiculaire

B/ Toutes les vésicules d'internalisation qui bourgeonnent de la membrane plasmique sont mantelées de clathrine

C/ L'adaptine AP1 est impliquée dans l'internalisation de vésicules bourgeonnant de la membrane plasmique

D/ L'adaptine AP3 participe au trafic vésiculaire du réseau trans-golgien vers les lysosomes

E/ Aucune des réponses ci-dessus n'est exacte

QCM 127.

A/ L'activité ATPasique de la protéine NSF permet de désorganiser les interactions SNARE-v/SNARE-t

B/ L'adressage et la fusion membranaire implique des récepteurs spécifiques SNARE, la GTPase Rab et des protéines fusogènes hyaloplasmiques

C/ La fusion membranaire implique toujours des vésicules qui ont perdu leur manteau protéique

D/ la liaison de Rab-GTP et de son effecteur favorise l'arrimage de la vésicule à la membrane cible ainsi que l'appariement des récepteurs SNARE-v et SNARE-t

E/ Aucune des réponses ci-dessus n'est exacte

♦ *Lysosomes*

QCM 128.

A/ Il existe un nombre identique de lysosomes dans toutes les cellules eucaryotes

B/ Les lysosomes sont des petites vésicules membranaires au contenu électron dense d'aspect hétérogène

C/ Les lysosomes contiennent des hydrolases acides

D/ Dans un fractionnement cellulaire, les lysosomes peuvent être facilement séparés des mitochondries par une simple centrifugation sur gradient discontinu

E/ Aucune des réponses ci-dessus n'est exacte

QCM 129.

A/ La membrane de lysosomes est riches en perméases et en pompes ioniques

B/ La membrane des lysosomes à une épaisseur de 60 à 70 A

C/ Les hydrolases lysosomales sont actives à pH 7,4

D/ Les glycoprotéines destinées aux lysosomes sont porteuses de mannose-6-phosphate

E/ Aucune des réponses ci-dessus n'est exacte

QCM 130.

A/ La phosphorylation des mannoses des glycoprotéines destinées aux lysosomes se fait au niveau des citernes du REG

B/ La phosphorylation des mannoses des glycoprotéines destinées aux lysosomes est sous le contrôle d'une réaction enzymatique unique impliquant une N-acétyl glucosaminidase

C/ Les récepteurs à mannose-6-phosphate sont fonctionnels à pH 5,5

D/ Les proenzymes phospholylés destinés aux lysosomes se lient à des récepteurs à mannose-6-phosphate au niveau des saccules trans golgiens

E/ Aucune des réponses ci-dessus n'est exacte

QCM 131.

A/ Les vésicules contenant les proenzymes lysosomales bourgeonnant des saccules trans golgiens ont un manteau de coatomères Cop I

B/ L'adaptine AP1 est impliquée dans le bourgeonnement des vésicules trans contenant les proenzymes lysosomales

C/ L'activation des hydrolases lysosomales implique une acidification du milieu

D/ L'activation des hydrolases lysosomales implique le retrait par autocatalyse d'un peptide bloquant

E/ Aucune des réponses ci-dessus n'est exacte

QCM 132.

A/ Le lysosome primaire à un pH 4,8

B/ Les hydrolases acides des lysosomes primaires sont associées aux récepteurs à mannose-6-phosphate

C/ Les lysosomes sont des organites cellulaires impliqués dans l'anabolisme cellulaire

D/ Les lysosomes primaires fusionnent avec des endosomes pour donner des endolysosomes

E/ Aucune des réponses ci-dessus n'est exacte

QCM 133.

A/ Les lysosomes sont impliquée dans les mécanismes d'autophagie comme dans les mécanismes d'hétérophagie
B/ Le contenu des corps résiduels est toujours sécrété dans le milieu extracellulaire
C/ Le lysosome secondaire est un lysosome qui a déjà dégradé des macromolécules
D/ Les maladies lysosomales sont toujours le résultat de la déficience d'un ou de plusieurs enzymes lysosomales
E/ Aucune des réponses ci-dessus n'est exacte

♦ *Membrane plasmique*

QCM 134.

A/ La partie oligosaccharidique des protéines transmembranaires de la membrane plasmique est toujours du côté hyaloplasmique
B/ L'épaisseur de la membrane plasmique est de 7,5 nm
C/ Un caractère particulier de la membrane plasmique est que sa face exoplasmique présente un glycocalyx d'une épaisseur de 50 à 250 A
D/ La membrane plasmique représente 1 à 2% de l'ensemble des membranes biologiques de la cellule eucaryote
E/ Aucune des réponses ci-dessus n'est exacte

QCM 135.

A/ Le globule rouge est une cellule très spécialisée, qui présente un noyau et pas de système membranaire intracellulaire
B/ Il est facile de purifier une fraction « membrane plasmique » pure à partir de n'importe quel type cellulaire
C/ Les érythrocytes représentent le type cellulaire choisi de préférence pour étudier la constitution chimique de la membrane plasmique car ce sont des cellules que l'on peut isoler facilement
D/ Les « fantômes » de globules rouges sont obtenus après hémolyse
E/ Aucune des réponses ci-dessus n'est exacte

QCM 136.

A/ La spectrine est une molécule spécifique du complexe modulateur de la surface cellulaire (cortex) de la cellule musculaire
B/ Le complexe modulateur de la surface cellulaire (cortex) de l'hématie contient de la desmine, de l'actine, de l'ankyrine
C/ Le complexe modulateur de la surface cellulaire peut présenter une certaine spécificité de composition en fonction du type cellulaire
D/ Le traitement au triton X-100 des fantômes d'hématies peut permettre d'isoler le complexe modulateur de la surface cellulaire associé à la face externe de la membrane
E/ Aucune des réponses ci-dessus n'est exacte

QCM 137.

A/ La bicouche lipidique membranaire n'est pas perméable à l'eau

B/ L'eau traverse la membrane plasmique spontanément en direction du compartiment ou la concentration en solutés est la plus élevée : c'est l'osmose

C/ Les échanges d'eau à travers les membranes biologiques, implique toujours la formation de pores membranaires temporaires formées par les aquaporines

D/ Les molécules et les ions traversent les membranes biologiques du compartiment de forte concentration vers le compartiment de plus faible concentration, ceci pour chaque type de soluté

E/ Aucune des réponses ci-dessus n'est exacte

QCM 138.

A/ Les molécules polaires chargées, les acides aminés et les ions sont caractérisés par une perméation difficile

B/ Les petites molécules non polaires, les molécules polaires non chargées et les molécules hydrophobes sont caractérisées par une perméation facile

C/ Les transports catalysés à travers une membrane biologique permettent le passage rapide de molécules ayant une perméation difficile

D/ Les perméases et les protéines tunnel sont des protéines de transport à travers la bicouche lipidique qui ont le même type de fonctionnement

E/ Aucune des réponses ci-dessus n'est exacte

QCM 139.

A/ La diffusion facilitée est un transport catalysé qui s'exerce toujours dans le sens du gradient électro-chimique

B/ La diffusion facilitée est un transport catalysé qui ne demande pas d'apport direct d'énergie

C/ Le transport actif primaire est un transport catalysé qui nécessite un apport direct d'énergie

D/ Le transport actif primaire est un transport catalysé impliquant toujours un cotransport de type antiport

E/ Aucune des réponses ci-dessus n'est exacte

QCM 140.

A/ La pompe sodium-potassium est un transport actif qui permait l'entrée de 3 Na+ et la sortie de 2 K+ à travers la membrane plasmique

B/ La D-hexose-perméase est une protéine transmembranaire impliquée dans le transport actif du glucose à travers la membrane plasmique des hématies

C/ La pompe sodium-potassium est une ATPase de transport

D/ Un rôle majeur de la pompe sodium-potassium est de maintenir le potentiel de repos de la membrane plasmique

E/ Aucune des réponses ci-dessus n'est exacte

QCM 141.

A/ Dans les transports cytotiques, les molécules transportées ne sont jamais en contact avec le hyaloplasme

B/ L'endocytose comme l'exocytose utilisent un emballage membranaire ayant la même origine

C/ Les transports cytotiques s'effectuent toujours sous emballage membranaire

D/ La phagocytose est un mode d'exocytose spécifique à certains types cellulaires

E/ Aucune des réponses ci-dessus n'est exacte

QCM 142.

A/ La pinocytose est un phénomène d'endocytose caractéristiques de certaines cellules spécialisées

B/ On distingue deux types principaux d'endocytose sur la base de la taille des vésicules d'endocytose formées

C/ La phagocytose fait référence à l'internalisation de grosses molécules, de complexes macromoléculaires (ou même, de cellules entières) par les fibroblastes

D/ La pinocytose implique toujours des vésicules d'internalisation mantelées

E/ Aucune des réponses ci-dessus n'est exacte

QCM 143.

A/ Dans la phagocytose, la particule internalisée est reconnue directement par des récepteurs transmembranaires situés à la surface des cellules phagocytaire

B/ La phagocytose implique la formation de pseudopodes autour du matériel exogène

C/ Lors de la phagocytose, La vésicule d'internalisation fusionne avec un lysosome pour donner un phagolysosome

D/ La reconnaissance du matériel exogène par la cellule phagocytaire entraine l'ouverture d'un canal calcium et l'entrée rapide de calcium qui permet la phagocytose

E/ Aucune des réponses ci-dessus n'est exacte

QCM 144.

A/ L'endocytose d'adsorption implique la reconnaissance spécifique d'un ligand par des récepteurs membranaires
B/ De nombreuses vésicules d'endocytose sont mantelées de coatomères
C/ L'enrichissement spécifique des cavéoles en cholestérol et en sphingomyéline leur confère des propriétés spécifiques des radeaux lipidiques ou sont concentrés des récepteurs spécifiques et des protéines à ancre GPI
D/ L'endocytose des vésicules mantelées de clathrines comme de celles mantelées de cavéolines est dépendante de la dynamine
E/ Aucune des réponses ci-dessus n'est exacte

QCM 145.

A/ Tout le contenu les vésicules d'endocytose mantelées de clathrines est internalisé de manière spécifique
B/ Les récepteurs transmembranaires des vésicules d'endocytose mantelées de clathrines sont toujours dégradés après l'internalisation de la vésicule
C/ La transcytose est un mécanisme que l'on retrouve dans presque tous les types cellulaires
D/ Au cours de la transcytose, la liaison récepteur-ligand n'est jamais altérée dans la vésicule internalisée
E/ Aucune des réponses ci-dessus n'est exacte

QCM 146.

A/ La sécrétion contrôlée met en jeu l'adaptine AP2
B/ La sécrétion constitutive concerne tous les types cellulaires
C/ La sécrétion constitutive implique des vésicules mantelées de clathrines
D/ La sécrétion contrôlée est une sécrétion permanente
E/ Aucune des réponses ci-dessus n'est exacte

QCM 147.

A/ Les vésicules impliquées dans la sécrétion constitutive comme dans la sécrétion contrôlée, fusionnent avec la membrane plasmique dès qu'elles y arrivent
B/ La sécrétion contrôlée implique une augmentation transitoire du taux de Ca++ hyaloplasmique
C/ L'exocytose implique des récepteurs SNARE-v et SNARE-t
D/ L'exocytose entraine le passage des régions oligosaccharidiques des glycoprotéines membranaires du côté exoplasmique de la membrane plasmique
E/ Aucune des réponses ci-dessus n'est exacte

Chapitre 6 – Mitochondrie - QCM

QCM 148.

A/ La mitochondrie est impliquée dans la dégradation des protéines hyaloplasmiques

B/ La mitochondrie est le lieu de la phosphorylation oxydative

C/ Le chondriome correspond à un réseau coopératif de mitochondries

D/ L'aspect morphologique du chondriome ne varie pas au cours du cycle cellulaire

E/ Aucune des réponses ci-dessus n'est exacte

QCM 149.

A/ La mitochondrie est caractérisée par une double assise membranaire

B/ La membrane interne mitochondriale est plissée et présente une structure particulaire importante sur sa face externe

C/ La chambre externe de la mitochondrie est le lieu d'une importante synthèse protéique

D/ La membrane externe à la même épaisseur que la membrane interne

E/ Aucune des réponses ci-dessus n'est exacte

QCM 150.

A/ Il existe 5 à 6 copies d'ADN mitochondrial linéaire et bicaténaire par mitochondrie

B/ Les mitoribosomes sont synthétisés dans le hyaloplasme puis transloqués dans la matrice mitochondriale

C/ Le pH de la matrice mitochondriale est de 5,5

D/ Dans un hépatocyte, il y a environ une centaine de mitochondries

E/ Aucune des réponses ci-dessus n'est exacte

QCM 151.

A/ La membrane externe de la mitochondrie est très perméable sauf aux protons

B/ Lors d'un fractionnement cellulaire, la purification d'une fraction pure de mitochondries nécessite leur densification grâce à des complexes riches en fer

C/ La membrane interne de la mitochondrie est caractérisée une un haut taux de cholestérol et la présence de cardiolipides

D/ La membrane interne de la mitochondrie est très imperméable aux protons

E/ Aucune des réponses ci-dessus n'est exacte

QCM 152.

A/ La membrane externe de la mitochondrie contient des porines, protéines transmembranaires formées de 16 hélices α, constituant des canaux protéiques transmembranaires

B/ La membrane externe contient des enzymes comme la thiokinase et des translocons spécifiques comme le translocon TOM

C/ La membrane interne contient environ 75% de lipides et 25% de protéines

D/ La matrice mitochondriale est riche en enzymes d'oxydation

E/ Aucune des réponses ci-dessus n'est exacte

QCM 153.

A/ Dans la cellule, la mitochondrie est le principal lieu de la synthèse d'ATP

B/ L'essentiel des réserves d'énergie de l'organisme provient des glucides et des protéines

C/ Le glycogène constitue la principale réserve énergétique de lipides

D/ Les triglycérides sont constitués de 3 acides gras reliés à un glucose et sont stockés majoritairement sans les adipocytes

E/ Aucune des réponses ci-dessus n'est exacte

QCM 154.

A/ Lors de la glycolyse, dans la matrice mitochondriale, le glucose est transformé en deux molécules de pyruvate

B/ Le premier mécanisme impliqué dans les transformations d'énergie consiste dans la réduction des substrats organiques mis à disposition de la cellule

C/ Dans le métabolisme énergétique, les réactions d'oxydoréduction s'effectuent toujours au cours de réactions de déshydrogénation

D/ NAD+ et FAD sont des coenzymes, transporteurs d'électrons

E/ Aucune des réponses ci-dessus n'est exacte

QCM 155.

A/ Dans la glycolyse, le bilan en termes de production d' ATP est de 3 pour une molécule de glucose

B/ Le pyruvate est oxydé en acétyl-CoA dans la matrice mitochondriale

C/ L'oxydation du pyruvate dans la matrice mitochondriale se fait dans des conditions anaérobies

D/ Lors de la production d'acétyl-CoA à partir des acides gras, l'acyl-CoA subit dans la matrice mitochondriale une série de réaction connue sous le nom d'hélice de Lynen

E/ Aucune des réponses ci-dessus n'est exacte

QCM 156.

A/ Dans la matrice mitochondriale, le groupement acétyl de l'acétyl-CoA est totalement oxydé en 2 CO2 au cours du cycle de Krebs
B/ La chaîne respiratoire est formée de quatre complexes protéiques fortement liés à la membrane interne de la mitochondrie
C/ Les accepteurs d'électrons réduits NADH,H+ et FADH cèdent un électron aux premiers complexes de la chaines respiratoire
D/ La chaîne respiratoire permet la régénération des transporteurs d'électrons NAD+ et FAD
E/ Aucune des réponses ci-dessus n'est exacte

QCM 157.

A/ L'ubiquinone est un transporteur mobile d'électrons hydrosoluble assurant le passage des électrons des complexes I et II au complexe III
B/ Le flux spontané des électrons à travers les complexes protéiques de la chaîne respiratoire assure le transport actif des protons de l'espace intermembranaire à la matrice mitochondriale
C/ Au niveau de la membrane interne de la mitochondrie, la synthèse d'ATP est assurée grâce à l'écoulement des protons dans le sens du gradient électrochimique à travers le complexe F0-F1
D/ La roténone est un inhibiteur de la chaîne respiratoire qui bloque totalement la synthèse d'ATP en bloquant le complexe I
E/ Aucune des réponses ci-dessus n'est exacte

Apoptose

QCM 158.

A/ L'apoptose ne se rencontre que chez les organismes adultes
B/ L'apoptose est un phénomène de mort cellulaire programmée
C/ L'apoptose est synonyme du phénomène de nécrose
D/ La fragmentation de la chromatine et l'internalisation des phosphatidylsérines membranaires font partie des modifications morphologiques cellulaires dues à l'apoptose
E/ Aucune des réponses ci-dessus n'est exacte

QCM 159.

A/ La cellule apoptotique peut être identifiée in situ par analyse de la fragmentation de l'ADN
B/ La méthode TUNEL est basée sur le marquage terminal des fragments d'ADN
C/ La cellule apoptotique peut être identifiée en analysant le nombre de ses lysosomes
D/ La cellule apoptotique peut être identifiée en utilisant des anticorps anti-caspases
E/ Aucune des réponses ci-dessus n'est exacte

QCM 160.

A/ L'apoptose peut être déclenchée par des signaux externes et/ou par des signaux internes à la cellule

B/ Les caspases sont des protéases actives dans la cellule eucaryote en G1

C/ La voie intrinsèque est dépendante d'un récepteur de mort

D/ Il existe trois voies majeures conduisant à l'apoptose : une voie extrinsèque, une voie intrinsèque et une voie impliquant la perméabilité mitochondriale au cytochrome c

E/ Aucune des réponses ci-dessus n'est exacte

QCM 161.

A/ Les pro-caspases 7, 8 et 9 ont un pro-domaine long

B/ Les pro-caspases 7, 8 et 9 sont clivées par autocatalyse

C/ Les pro-caspases 3 et 6 ont un pro-domaine court

D/ Le signal apoptotique conduit au clivage des pro-caspases et à l'hétérodimérisation de 2 grosses et de 2 petites sous-unités

E/ Aucune des réponses ci-dessus n'est exacte

QCM 162.

A/ L'apoptose induite par l'interaction Fas-L/ Fas implique toujours deux cellules

B/ La liaison Fas-L/Fas entraine l'activation du récepteur Fas et la reconnaissance du domaine de mort de Fas par la protéine membranaire FADD

C/ Les caspases initiatrices actives clivent les caspases effectrices 3, 6 et 7

D/ La protéine FADD activée recrute les caspases initiatrices 8 et 10

E/ Aucune des réponses ci-dessus n'est exacte

QCM 163.

A/ Le stress oxydant peut provoquer le processus apoptotique

B/ Toutes les protéines de la famille Bcl-2 sont anti-apoptotiques

C/ L'apoptosome est un complexe multiprotéique associant la pro-caspase 9, le cytochrome c, la protéine Apaf-1 et l'ATP

D/ L'association Bax/Bax ou Bcl-2/Bax au niveau de la membrane externe de la mitochondrie permet la formation de pore membranaire et la fuite du cytochrome c en direction du hyaloplasme

E/ Aucune des réponses ci-dessus n'est exacte

QCM 164.

A/ La caspase 3 est capable de cliver la pro-caspase 8
B/ La voie extrinsèque et la voie intrinsèque de l'apoptose sont deux voies totalement indépendantes
C/ La caspase 7 est une caspase commune à la voie intrinsèque et à la voie extrinsèque de l'apotose
D/ L'apoptose peut être initiée par le récepteur membranaire P53
E/ Aucune des réponses ci-dessus n'est exacte

Transports

QCM 165.

A/ L'importation du pyruvate en direction de la matrice mitochondriale se fait grâce à une pyruvate translocase qui fonctionne comme un antiport couplant la translocation du pyruvate et la sortie d'ions H+
B/ L'ADP/ATP translocase située dans la membrane externe des mitochondries est un antiport
C/ Le translocon TOM-TIM permet l'exportation de la majorité des protéines mitochondriales codées au niveau du génome mitochondrial
D/ La plus grande partie des protéines de la mitochondrie sont synthétisées dans le haloplasme
E/ Aucune des réponses ci-dessus n'est exacte

QCM 166.

A/ La réplication de l'ADN mitochondrial n'est pas synchrone avec celle de l'ADN nucléaire
B/ L'ADN mitochondrial est circulaire, bicaténaire et associé à des histones
C/ Les gènes de structures de l'ADN mitochondrial sont des gènes non morcelés
D/ Les mêmes ADN polymérases sont impliquées au niveau nucléaire et au niveau de la mitochondrie
E/ Aucune des réponses ci-dessus n'est exacte

QCM 167.

A/ L'ARN mitochondrial est dépourvu d'intros
B/ Les 22 types d'ARNt de la mitochondrie sont identiques aux ARNt hyaloplasmiques
C/ Le coefficient de sédimentation des ribosomes de la mitochondrie est de 70S
D/ Plusieurs sous-unités constitutives de la perméase F0 sont codées par le génome mitochondrial
E/ Aucune des réponses ci-dessus n'est exacte

Chapitre 7 – Mitose – QCM

QCM 168.

A/ Un diplosome est formé de deux centrosomes

B/ Chaque centriole se présente comme un cylindre creux formé par 9 triplets associant chacun 3 microtubules jointifs sur toute leur longueur/

C/ Un centriole fait environ 0,5 μm de long et 0,2 μm de diamètre

D/ Au cours de la phase G1, des procentrioles se forment à proximité des centrioles initiaux

E/ Aucune des réponses ci-dessus n'est exacte

QCM 169.

A/ Dans une cellule humaine Hela, l'interphase dure 19h et la mitose 6h

B/ Deux diplosomes sont observés dans la cellule en fin de phase G2

C/ La prométaphase débute avec la rupture de l'enveloppe nucléaire

D/ La prophase s'accompagne de la compaction des fibres B en chromosomes mitotiques monochromatidiens

E/ Aucune des réponses ci-dessus n'est exacte

QCM 170.

A/ Au cours de la prophase, les lamines A, B et C sont phosphorylées, ce qui induit la déstructuration des filaments constituant la lamina

B/ Au cours de la prophase se forme une nouvelle structure microtubulaire : le fuseau de division

C/ Au cours de la prophase, les lamines A et B phosphorylées sont solubilisées et la lamine C reste fixée à la face nucléoplasmique de la membrane interne de l'enveloppe nucléaire

D/ Il y a fragmentation et vésicularisation du RE et de l'appareil de golgi, qui ne sont plus sous-tendus par le cytosquelette microtubulaire durant la prophase

E/ Aucune des réponses ci-dessus n'est exacte

QCM 171.

A/ L'aster correspond à l'assemblage de microtubules très courts, nombreux et instables à la périphérie du centrosome, lors de la prophase

B/ Lors de la mise en place du fuseau de division, au cours de la prophase, les deux diplosomes du centromère s'écartent progressivement

C/ A partir de la prométaphase, les microtubules s'allongent à partir des deux asters opposés à travers le cocon de microfilaments intermédiaires

D/ Lors de la prophase/prométaphase, le réseau de microfilaments intermédiaires se contractent autour de l'espace nucléaire et forme un cocon

E/ Aucune des réponses ci-dessus n'est exacte

QCM 172.

A/ Du début de la prophase à la prométaphase, la cellule eucaryote passe d'une organisation bipolaire à une organisation unipolaire

B/ Au début de la prométaphase, les chromosomes bichromatidiens, couts et épais sont libres dans l'espace nucléaire

C/ Les kinétochores sont des structures protéiques discoïdales feuilletées associées à l'euchromatine du centromère

D/ Un kinétochore est présent par chromosome mitotique

E/ Aucune des réponses ci-dessus n'est exacte

QCM 173.

A/ Au niveau du fuseau de division, les microtubules polaires sont associés aux centromères des chromosomes

B/ La congression est un phénomène qui tend à amener les chromosomes mitotiques à l'équateur du fuseau de division et qui est lié à l'instabilité dynamique des microtubules kinétochoriens

C/ A la métaphase, tous les chromosomes bichromatidiens sont fixés par leurs kinétochrores aux microtubules kinétochoriens de longueur constante, issus des deux pôles astériens

D/ A la métaphase, tous les centromères sont alignés sur l'équateur du fuseau dans un plan horizontal à l'axe polaire

E/ Aucune des réponses ci-dessus n'est exacte

QCM 174.

A/ L'anaphase se caractérise par le clivage des centrosomes et la séparation des chromatides sœurs de chaque chromosome bichromatidien

B/ L'anaphase B aboutit à une élongation sensible du fuseau de division qui dépend en partie de l'élongation des microtubules polaires

C/ L'anaphase B est dépendante de l'activité des protéines motrices, kinésines et dynéines, ce qui implique une consommation importante de GTP

D/ L'anaphase A correspond à la dépolymérisation rapide des microtubules kinétochoriens, ce qui entraine le déplacement des deux chromatides sœurs vers les pôles opposés du fuseau

E/ Aucune des réponses ci-dessus n'est exacte

QCM 175.

A/ A la télophase, la phosphorylation des histones H1 est associée à la décompaction des chromosomes monochromatidiens

B/ Le réassemblage de la lamina observée à la télophase se fait à partir des lamines C associées aux vésicules membranaires, elles-mêmes fixées aux télomères des chromosomes

C/ A la télophase, les chromatides « sœurs » qui se sont séparées lors de l'anaphase sont regroupés en deux lots de chromosomes « fils » monochromatidiens à chacun des deux pôles du fuseau

D/ A la télophase, on assiste à la reconstruction de l'enveloppe nucléaire et des complexes de pores

E/ Aucune des réponses ci-dessus n'est exacte

QCM 176.

A/ La cytodiérèse est caractérisée par la formation d'un anneau contractile sous l'enveloppe nucléaire en reconstruction

B/ La cytodiérèse est caractérisée par la dépolymérisation des microtubules du fuseau de division

C/ Au cours de la cytodiérèse, la cellule mère se divise et donne naissance à deux cellules filles ayant un noyau fonctionnel contenant 2n chromosomes bichromatidiens

D/ Ce sont des microfilaments d'actine et de myosine qui déterminent la formation de l'anneau contractile dans la région équatoriale de la cellule au cours de la cytodiérèse

E/ Aucune des réponses ci-dessus n'est exacte

QCM 177.

A/ L'actinomycine est un inhibiteur de la transcription des ARNm

B/ La cytochalasine comme la puromycine sont des inhibiteurs de la traduction

C/ La colchicine comme la vinblastine sont des inhibiteurs de la mise en place du fuseau de division

D/ La mitose peut être considérée comme une reproduction asexuée

E/ Aucune des réponses ci-dessus n'est exacte

Chapitre 8 - Cycle cellulaire - QCM

QCM 178.

A/ Des facteurs exogènes (facteurs de croissance, hormones) peuvent contrôler le cycle cellulaire et orienter le devenir de la cellule

B/ Les cellules cibles réagissent toujours aux signaux exogènes par l'intermédiaire de récepteurs transmembranaires

C/ Trois points de contrôle du cycle cellulaire ont été identifiés

D/ Le traitement d'une culture cellulaire par de l'EGF ou du FGF favorise principalement la différenciation

E/ Aucune des réponses ci-dessus n'est exacte

Voie EGF

QCM 179.

A/ La fixation de l'EGF extracellulaire à ses récepteurs transmembranaires à activité sérine/thréonine kinase entraine une homodimérisation et une autophosphorylation de ceux-ci

B/ L'EGF est un facteur de transcription extracellulaire

C/ La transduction du signal est la transformation d'un message extracellulaire à un message intracellulaire

D/ L'EGF peut se fixer sur des récepteurs transmembranaires à activité tyrosine kinase et à des récepteurs transmembranaires à activité sérine/thréonine kinase

E/ Aucune des réponses ci-dessus n'est exacte

QCM 180.

A/ Les protéines Ras peuvent être associées à une molécule de GDP ou à une molécule de GTP

B/ Les protéines Ras sont des petites GTPases monomériques membranaires qui jouent le rôle d'interrupteur moléculaire dans la transduction du signal au niveau de diverses membranes biologiques de la cellule

C/ La liaison entre l'activation du récepteur transmembranaire et l'activation de Ras (passage de la forme associée au GTP à la forme associée au GDP) fait intervenir une protéine d'échange de nucléotides guanidiques comme Grb2-Sos

D/ Dans les cellules au repos, 90% des protéines Ras sont liées au GTP

E/ Aucune des réponses ci-dessus n'est exacte

QCM 181.

A/ Ras-GDP agit sur un effecteur hyaloplasmique, Raf1, une sérine/thréonine kinase (une PAM-kinase)
B/ L'interaction Ras-GDP/Raf-1 fixe Raf-1 à la face hyaloplasmique de la membrane plasmique ou Raf-1 est phosphorylée par des protéines kinases membranaires
C/ Raf-1 phosphorylée joue un rôle de deuxième messager intracellulaire à l'origine de l'activation en cascade par phosphorylation d'une série de PAM-kinases hyaloplasmiques
D/ La sérine/thréonine kinase MEK, une fois activée par phosphorylation, passe dans le noyau
E/ Aucune des réponses ci-dessus n'est exacte

QCM 182.

A/ Dans le noyau, MEK-P active des facteurs de transcription qui contrôlent l'expression de gènes codant des cyclines
B/ Les cyclines sont des protéines capables d'activer certaines protéines kinases hyaloplasmiques (CDK) impliquées dans le contrôle du cycle cellulaire
C/ Il existe deux types de cyclines : les cyclines G1 et les cyclines M (mitotiques)
D/ Les cyclines D s'associent à CDK4 et CDK6
E/ Aucune des réponses ci-dessus n'est exacte

QCM 183.

A/ Les cyclines E et A s'associent à CDK2
B/ Les cyclines A et B s'associent à CDK1 et CDK2
C/ Les cyclines s'accumulent dans le hyaloplasme au cours de l'interphase
D/ Les protéines p16 et p21 sont des inhibiteurs de CDK
E/ Aucune des réponses ci-dessus n'est exacte

QCM 184.

A/ Dès le début de la phase G1, les complexes cycline D/CDK4-6 s'accumulent mais leur activité est inhibée par une forte expression de la protéine p16
B/ Le passage du point de contrôle G1/S est contrôlé par les protéines de la famille Rb, qui en se fixant au facteur de transcription E2F, activent le passage en phase S
C/ Le passage de la phase G1 à la phase S est dû au fait que le taux du complexe cycline D/CDK4-6 dépasse un seuil critique
D/ Le facteur de transcription E2F associé à la protéine Rb active la transcription de gènes codant pour des protéines impliquées dans la réplication de l'ADN, comme PCNA
E/ Aucune des réponses ci-dessus n'est exacte

QCM 185.

A/ Le déclenchement et la progression de la réplication de l'ADN est contrôlé par le complexe cycline E/CDK2

B/ L'induction de l'expression de la cycline E par la protéine E2F et l'activation du complexe cycline E/CDK2 contribue à l'irréversibilité de la transition G1/S

C/ La cycline E est progressivement détruite au cours de la phase S par ubiquitinylation

D/ CDK2 a un rôle majeur dans la transition G2/M

E/ Aucune des réponses ci-dessus n'est exacte

QCM 186.

A/ Au cours de la phase G2, CDK1 va successivement s'associée à la cycline A puis à la cycline B

B/ Le MPF contrôle une cascade de déphosphorylation qui provoque en particulier la rupture de l'enveloppe nucléaire, la formation du fuseau de division et la formation des chromosomes mitotiques

C/ Le MPF correspond au complexe cycline B/CDK1 phosphorylé

D/ La phosphatase cdc25 activée en fin de phase G2 par le complexe cycline A/CDK1 a pour substrat le pré-MPF

E/ Aucune des réponses ci-dessus n'est exacte

QCM 187.

A/ Un des substrats d'APC est la cycline A au moment de l'anaphase

B/ APC (Anaphase-Promoting Complex) est une E3 ubiquitine ligase, substrat du MPF

C/ L'activation d'APC entraîne au final la destruction des complexes cohésine au cours de la télophase

D/ La transition métaphase/anaphase coïncide avec la dégradation protéolytique de la cycline B, entrainant l'inactivation du MRF

E/ Aucune des réponses ci-dessus n'est exacte

Chapitre 9 - Biologie du développement - QCM

QCM 188.

A/ La cellule totipotente est caractérisée par un indice mitotique élevé
B/ La cellule totipotente peut donner naissance à tous les types cellulaires de l'organisme
C/ La cellule totipotente présente des caractères morphologiques spécialisés
D/ Chez l'amphibien les blastomères sont totipotents jusqu'à la fin de la segmentation
E/ Aucune des réponses ci-dessus n'est exacte

QCM 189.

A/ On distingue classiquement différents types d'œufs en fonction de leur contenu en granules ribonucléoproteiques
B/ L'œuf de mammifères placentaires est un œuf alécithe qui contient un contenu hétérogène en réserves vitellines
C/ Le vitellus est un mélange de réserves protéiques, lipoprotéiques et de transcrits accumulés au cours de l'ovogenèse
D/ L'œuf d'amphibien est un œuf hétérolécithe
E/ Aucune des réponses ci-dessus n'est exacte

QCM 190.

A/ L'œuf d'oursin présente une segmentation spirale
B/ La segmentation méroblastique est une segmentation totale
C/ La segmentation radiaire présente des plans de segmentation tour à tour méridiens et équatoriaux
D/ Les œufs télolécithes ont une segmentation holoblastique
E/ Aucune des réponses ci-dessus n'est exacte

Œuf d'amphibien

QCM 191.

A/ Le chorion correspond à une bicouche lipidique qui entoure l'œuf
B/ Le vitellus est composé à 80% de phosvitine et de lipovitelline
C/ Le gradient vitellin est croissant de la région dorsale à la région ventrale
D/ Le gradient ribosomal est croissant du pole animal au pôle végétatif
E/ Aucune des réponses ci-dessus n'est exacte

QCM 192.

A/ La pigmentation de l'hémisphère animal est due à la présence de pigments se situant dans le cytoplasme cortical
B/ Le cytoplasme cortical est riche en plaquettes vitellines
C/ La tache de maturation est le lieu d'impact du spermatozoïde
D/ Au moment de la rencontre avec le spermatozoïde, l'œuf est bloqué en métaphase de deuxième division de méiose et n'a pas encore expulsé ses globules polaires
E/ Aucune des réponses ci-dessus n'est exacte

QCM 193.

A/ La rotation d'orientation marque la mise en place du croissant dépigmenté
B/ La rotation d'orientation est le résultat de la mise en place d'un espace perivitellin entre la membrane plasmique de l'œuf et le chorion suite à la rencontre avec le spermatozoïde
C/ Le caractère hétérogène du vitellus de l'œuf d'amphibien est impliqué dans la rotation de symétrisation
D/ La rotation de symétrisation est dépendante du réseau de microtubules du cortex
E/ Aucune des réponses ci-dessus n'est exacte

QCM 194.

A/ Le croissant dépigmenté marque la future région dorsale de l'embryon
B/ La mise en place du croissant dépigmenté ne marque pas forcement la mise en place de l'axe de symétrie bilatérale
C/ Lors de la rotation de symétrisation, la bascule des pigments corticaux se fait dans 20% des cas en direction du point d'impact du spermatozoïde
D/ La disparition de la tache de maturation reflète la rotation de symétrisation
E/ Aucune des réponses ci-dessus n'est exacte

QCM 195.

A/ L'œuf d'amphibien présente une segmentation totale et inégale dès le 4ème cycle de division
B/ Dans 50% des cas le premier plan de clivage coïncide avec le plan de symétrie bilatérale
C/ Au cours de la segmentation, les micromères ont des cycles cellulaires courts et les macromères des cycles cellulaires longs car le génome embryonnaire s'exprime précocement dans ces derniers
D/ Le premier et le deuxième plans de clivage sont méridiens
E/ Aucune des réponses ci-dessus n'est exacte

QCM 196.

A/ Au niveau des micromères, la segmentation comporte deux phases : une synchrone puis une asynchrone

B/ La transition blastuléenne correspond au début de l'expression du génome de l'embryon

C/ La transition blastuléenne correspond au passage d'une phase de segmentation synchrone à une phase asynchrone

D/ La durée de la phase S augmente à partir de la transition blastuléenne

E/ Aucune des réponses ci-dessus n'est exacte

QCM 197.

A/ Avant la transition blastuléenne, tous les gènes embryonnaire sont réprimés

B/ Avant la transition blastuléenne, la répression des gènes zygotiques nécessite toujours un ADN méthylé

C/ Avant la transition blastuléenne, la protéine nucléaire kaiso se fixe sur le facteur de transcription Tcf-3 et recrute des HDAC

D/ Groucho est un facteur de transcription qui se fixe sur de l'ADN méthylé et recrute des HDAC, avant la transition blastuléenne

E/ Aucune des réponses ci-dessus n'est exacte

QCM 198.

A/ La fréquence de division augmente après la segmentation

B/ Lors de la segmentation, la cavité du blastocœle se forme dans l'hémisphère animal à partir du stade 32 cellules

C/ Les macromères du toit du blastocœle sont tapissés de protéines de la matrice extracellulaire

D/ Les blastomères du plancher du blastocœle ne sont pas tapissés de fibronectine

E/ Aucune des réponses ci-dessus n'est exacte

QCM 199.

A/ La fibronectine est un homodimère glycoprotéique qui sert de support pour la migration cellulaire lors de la gastrulation

B/ La fibronectine est une protéine de la matrice extracellulaire

C/ Le tripeptide Arg-Pro-Asp représente la séquence minimale permettant la liaison de la cellule à la fibronectine

D/ Comme la fibronectine, la laminine est un hétérodimère glycoprotéique de la matrice extracellulaire

E/ Aucune des réponses ci-dessus n'est exacte

QCM 200.

A/ Lors de la migration cellulaire, les liaisons qui s'établissent entre fibronectine et intégrines sont des liaisons très stables

B/ Les intégrines sont des récepteurs transmembranaires à de nombreuses protéines de la matrice extracellulaire

C/ Les intégrines sont composées d'une sous-unité α et d'une sous-unité β

D/ L'injection d'anticorps anti-fibronectine dans le blastocœle bloque la gastrulation

E/ Aucune des réponses ci-dessus n'est exacte

QCM 201.

A/ La gastrulation est caractérisée par l'allongement de la durée du cycle cellulaire

B/ La gastrulation de l'embryon de pleurodèle dure 24 heures à 12°C

C/ La gastrulation de l'amphibien implique principalement deux mouvements cellulaires majeurs : l'épibolie et la convergence

D/ La gastrulation conduit à la mise en place d'un embryon tridermique

E/ Aucune des réponses ci-dessus n'est exacte

QCM 202.

A/ Le mouvement initial de la gastrulation est un mouvement de convergence

B/ La formation des cellules en bouteille est due uniquement à l'élongation des faisceaux de microtubules dans le sens de leur étirement

C/ La formation des cellules en bouteille représente l'évènement initial de la gastrulation

D/ La formation des cellules en bouteille dans la région dorso-végétative de l'embryon est sous le contrôle des TGFβ

E/ Aucune des réponses ci-dessus n'est exacte

QCM 203.

A/ Le mouvement d'extension- convergence concerne les blastomères de la zone marginale dorsale

B/ Le mouvement d'extension- convergence est le résultat d'un phénomène d'intercalation radiaire

C/ Le mouvement d'épibolie est le résultat d'un phénomène d'intercalation radiaire

D/ A la fin de la gastrulation, la totalité de l'embryon est recouvert de macromères

E/ Aucune des réponses ci-dessus n'est exacte

QCM 204.

A/ Le mouvement de tapis roulant concerne les micromères et les macromères qui s'invaginent au niveau de la lèvre dorsale du blastopore

B/ L'élongation concerne les cellules impliquées dans le mouvement d'extension-convergence

C/ La divergence est un mouvement qui concerne le neurectoblaste

D/ A la fin de la gastrulation, tous les macromères se sont invaginés

E/ Aucune des réponses ci-dessus n'est exacte

QCM 205.

A/ Grace à la technique des marques colorées on peut suivre le devenir d'un blastomère au cours de la gastrula

B/ Le rouge neutre et le bleu de Nil sont des colorants vitaux utilisés dans la technique des marques colorées

C/ La technique des marques colorées a permis de mettre en évidence la carte des territoires présomptifs de la jeune gastrula ainsi que les mouvements cellulaires de la gastrulation

D/ L'utilisation de molécule de dextran couplé à un fluorochrome permet de suivre le devenir d'un seul blastomère

E/ Aucune des réponses ci-dessus n'est exacte

QCM 206.

A/ La carte des territoires présomptifs rend compte de leur devenir naturel, si rien ne vient perturber le développement de l'embryon

B/ La carte des territoires présomptifs ne préjuge pas de l'état de détermination de ces territoires

C/ Au stade bouchon vitellin, le blastocœle est encore très développé

D/ L'archentéron n'est pas visible en coupe sagittale avant le stade bouchon vitellin

E/ Aucune des réponses ci-dessus n'est exacte

QCM 207.

A/ Au stade fente blastoporale, l'embryon a la même forme qu'en début de gastrulation

B/ En fin de gastrulation, l'endoderme a presque disparu

C/ La neurulation est caractérisée par le soulèvement des bourrelets neuraux et leur accolement dans la région céphalique, troncale puis caudale

D/ Le toit de l'archenteron se ferme au cours de la neurulation

E/ Aucune des réponses ci-dessus n'est exacte

QCM 208.

A/ La fin de la neurulation se caractérise par la séparation de l'épiderme et du neurectoderme
B/ Les somites comme les lames latérales se métamérisent au stade bourgeon caudal
C/ Le mésoderme somitique reste toujours associé au mésoderme des pièces intermédiaires
D/ La somatopleure est le feuillet interne des lames latérales, en contact avec l'endoderme
E/ Aucune des réponses ci-dessus n'est exacte

QCM 209.

A/ La calotte animale de la blastula est déterminée à donner de l'épiderme
B/ Le feuillet endodermique est le feuillet inducteur du mésoderme au niveau des macromères de la zone marginale
C/ La détermination précoce des macromères végétatifs à donner de l'endoderme est le résultat d'une induction précoce par des TGFβ d'origine maternelle
D/ L'association du macromère végétatif D4 et de la calotte animale induit in vitro du mésoderme dorsal
E/ Aucune des réponses ci-dessus n'est exacte

QCM 210.

A/ Le traitement aux UVs d'un œuf fécondé au niveau du pôle végétatif bloque la rotation de symétrisation
B/ Au stade 32 cellules, le macromère végétatif D1 est déterminé à donner de l'endoderme
C/ Le traitement au UV d'un œuf fécondé au niveau du pôle végétatif entraine la ventralisation de l'embryon
D/ Au stade 32 cellules, le transfert du macromère végétatif D1 à la place d'un macromère végétatif chez un embryon traité au UV induit la restauration de l'axe dorso-ventral
E/ Aucune des réponses ci-dessus n'est exacte

QCM 211.

A/ VegT, est un facteur de croissance d'origine maternelle exprimé dans l'œuf au niveau cortical végétatif
B/ L'endoderme est déterminé avant la transition blastuléenne
C/ L'injection d'un ARN antisens VegT au niveau de l'œuf fécondé empêche la formation de l'endoderme et une organisation correcte du mésoderme
D/ In vitro, une calotte animale traitée par VegT dans le milieu de culture évolue en endoderme
E/ Aucune des réponses ci-dessus n'est exacte

QCM 212.

Expérience de Spemann et Mangold :

A/ L'expérience de Spemann et Mangold entraine l'organisation d'un deuxième embryon complet en position ventrale de l'embryon primaire

B/ Le greffon exerce une induction neurogène sur le feuillet mésoblastique

C/ Le greffon exerce une induction mésoblastogène d'ordre supérieur sur le mésoblaste des lames latérales de l'embryon receveur

D/ Le greffon est déjà déterminé et donne du neurectoderme

E/ Aucune des réponses ci-dessus n'est exacte

QCM 213.

A/ L'activine est le plus puissant inducteur du mésoderme in vitro

B/ In vitro, le FGF est un inducteur du mésoderme dorsal

C/ Les TGFβ agissent avec un effet dose sur l'induction du mésoderme

D/ Le gène XBra est activé par de fortes doses d'activine

E/ Aucune des réponses ci-dessus n'est exacte

QCM 214.

L'induction et la régionalisation du mésoderme impliquent :

A/ Des facteurs de croissance qui sont des molécules diffusibles se fixant sur des récepteurs transmembranaires à activité tyrosine kinase

B/ Des protéines Wnt d'origine maternelle ou zygotique

C/ Des facteurs de transcription et leurs cofacteurs, diffusibles ou non

D/ Des protéines Wnt agissant dans le cadre de la signalisation canonique Wnt/β-caténine

E/ Aucune des réponses ci-dessus n'est exacte

QCM 215.

A/ Au cours de la segmentation, l'endoderme produit un gradient croissant de TGFβ de la région ventrale à la région dorsale

B/ Au cours de la segmentation les TGFβ, Vg1 et Xnr, produits par l'endoderme sont d'origine maternelle

C/ Le centre de Nieuwkoop produit de fortes concentrations de protéines Xnr et de FGF au cours de la segmentation

D/ Le FGF est un puissant inducteur primaire du mésoderme ventral in vivo

E/ Aucune des réponses ci-dessus n'est exacte

QCM 216.

A/ La liaison protéine Wnt-récepteur Frizzled est nécessaire et suffisante pour la transduction du signal dans la voie canonique Wnt/β-caténine

B/ Le récepteur Frizzled présente 7 domaines transmembranaires et un domaine extracellulaire riche en cystéines

C/ En présence de signaux Wnt, la β-caténine passe au niveau nucléaire et se fixe sur l'ADN au niveau du promoteur de ces gènes cibles

D/ Dans la signalisation TGFβ, la protéine smad4 permet la translocation au niveau nucléaire des protéines smad phosphorylées

E/ Aucune des réponses ci-dessus n'est exacte

QCM 217.

A/ La β-caténine est un co-activeur de la transcription, d'origine maternelle, essentielle à la mise en place du mésoderme dorsal

B/ L'injection du transcrit codant le facteur de transcription d'origine maternelle, Siamois, au niveau végétatif ventral chez un embryon au stade 32 cellules donne le même résultat que l'injection du transcrit codant la β-caténine

C/ La β-caténine nucléaire participe à la transactivation du gène siamois à partir de la transition blastuléenne

D/ La β-caténine acquière une localisation dorsale et dorso-végétative chez l'embryon à partir la transition blastuléenne

E/ Aucune des réponses ci-dessus n'est exacte

QCM 218.

A/ La protéine Wnt10 est responsable de la stabilisation de la β-caténine dans la région dorsale de l'embryon suite à la rotation de symétrisation

B/ Suite à la rotation de symétrisation, Dsh inactive GSK-3 dans la région dorsale de l'embryon

C/ Vg1 est une TGFβ d'origine maternelle capable de mimer le rôle du centre de Nieuwkoop

D/ Les transcrits activine injectés au niveau végétatif ventral chez un embryon au stade 32 cellules sont capables d'induire une axe surnuméraire complet

E/ Aucune des réponses ci-dessus n'est exacte

QCM 219.

A/ Les déterminants cytoplasmiques d'origine maternelle induisent l'expression zygotique d'inducteurs du mésoderme au niveau de l'endoderme au cours de la segmentation
B/ L'ectodermine est une smad4 ubiquitine ligase qui protège l'ectoblaste d'une induction mésodermisante par les TGFβ au cours de la segmentation
C/ L'ectodermine est fortement exprimée dans l'endoderme au cours de la gastrulation
D/ Les protéines Xnr sont nécessaires et suffisantes à l'induction du mésoderme
E/ Aucune des réponses ci-dessus n'est exacte

QCM 220.

A/ L'organisateur de Spemann est le premier territoire mésodermique déterminé en fin de segmentation
B/ La théorie des trois signaux repose sur les expériences réalisées par Nieukoop et Spemann
C/ L'organisateur de Spemann est l'inducteur du centre de Nieuwkoop
D/ L'organisateur de Spemann se situe juste sous le centre de Nieuwkoop
E/ Aucune des réponses ci-dessus n'est exacte

QCM 221.

A/ L'injection de l'ARNm Xbra en position ectopique dans une blastula, au niveau ectoblastique, induit du mésoderme dorsal
B/ Le gène Xbra est un gène pan-mésodermique
C/ Le gène Xbra est exprimé dans la zone marginale ventrale, latérale mais pas dans la zone marginale dorsale
D/ Goosecoïd est un facteur de croissance exprimé au niveau de l'organisateur de Spemann sous le contrôle des TGFβ produits par l'endoderme dorsal
E/ Aucune des réponses ci-dessus n'est exacte

QCM 222.

A/ Chordin, noggin et la follistatin sont des inhibiteurs des BMP
B/ Frizbee est un inhibiteur de XWnt-8 et de la follistatin
C/ Au cours de la gastrulation, la dorsalisation de la zone marginale nécessite des protéines sécrétées par l'organisateur de Spemann
D/ Le domaine d'expression de XWnt-8 au cours de la gastrulation est restreint à la zone marginale ventrale
E/ Aucune des réponses ci-dessus n'est exacte

QCM 223.

A/ On obtient une exogastrulation en plaçant une blastula âgée dans une solution de chlorure de lithium

B/ L'ectoderme est déterminé chez la blastula âgée

C/ L'induction du neurectoderme se fait par défaut

D/ Pendant la gastrulation, l'induction du neurectoderme requiert un contact entre l'organisateur de Spemann et l'ectoblaste sus-jacent

E/ Aucune des réponses ci-dessus n'est exacte

QCM 224.

A/ BMP4 est un inducteur neurogène

B/ La calotte animale d'une blastula, mise en culture, se différencie naturellement en épiderme

C/ BMP4 est l'inducteur de l'épiderme et un inducteur du mésoderme ventral

D/ L'injection d'un ARN codant un récepteur dominant négatif de BMP4 conduit à la dorsalisation de l'embryon

E/ Aucune des réponses ci-dessus n'est exacte

QCM 225.

A/ L'inhibition de la signalisation BMP est suffisante pour l'induction neurale

B/ L'injection d'oligomorpholinos dirigés contre noggin empêche la formation du tube neural

C/ L'injection d'oligomorpholinos dirigés contre noggin, chordin et follistatin empêche la formation du tube neural

D/ L'injection d'oligomorpholinos dirigés contre les BMP neuralise totalement l'ectoblaste

E/ Aucune des réponses ci-dessus n'est exacte

QCM 226.

A/ Des gradients planaires de protéines diffusibles sont nécessaires à la régionalisation du tube neural

B/ Le FGF à des concentrations élevées favorise la mise en place des structures neurales antérieures

C/ Les inhibiteurs de la signalisation BMP sont les seules molécules impliquées dans la régionalisation du neurectoderme

D/ Noggin est un inhibiteur des FGF

E/ Aucune des réponses ci-dessus n'est exacte

QCM 227.

A/ Un champ morphogénétique est un groupe de cellules pluripotentes dont l'avenir est orienté de façon irréversible

B/ Un champ morphogénétique ne présente pas de différenciation morphologique visible

C/ Un champ morphologique ne présente plus de capacité de régulation

D/ Au stade lèvre dorsale du blastopore, la lèvre dorsale représente le champ morphogénétique de l'endoderme pharyngien

E/ Aucune des réponses ci-dessus n'est exacte

Chapitre 1 – Méthodes et techniques
Corrigés

QCM 1.

FAUX A/ Les colorants topographiques sont utilisés en microscopie électronique comme en microscopie optique

FAUX B/ La source de photons utilisée en microscopie électronique est plus puissante que celle utilisée en microscopie optique

FAUX C/ Les électrons ont un pouvoir de pénétration important ce qui justifie l'utilisation d'une grille porte objet en or pour l'analyse des coupes en microscopie électronique

FAUX D/ L'araldite est un fixateur classique de la microscopie optique

VRAI E/ Aucune des réponses ci-dessus n'est exacte

Les colorants topographiques sont des colorants aqueux qui ne peuvent pas être utilisés en microscopie électronique, qui utilise une source électronique se déplaçant sous vide.
Les électrons ont un très faible pouvoir de pénétration ce qui justifie l'utilisation d'une grille porte objet (et non d'une lame de verre) en microscopie électronique.
L'araldite est un fixateur classique de microscopie électronique.

QCM 2.

VRAI A/ La coloration à l'hémalun-éosine est une coloration topographique qui donne une image anatomique du tissu

VRAI B/ La coloration de Feulgen est une technique qui permet de mettre spécifiquement en évidence d'ADN au niveau d'une préparation histologique

FAUX C/ Le réactif de Schiff, de la fuschine décolorée, réagit fortement avec les bases puriques, et donne un complexe rouge intense

VRAI D/ Le réactif de Schiff peut être utilisé pour mettre en évidence les polysaccharides cellulaires

FAUX E/ Aucune des réponses ci-dessus n'est exacte

Le réactif de Schiff réagit fortement avec les groupements aldéhydes réactifs mis à jour par élimination des purines dans la réaction de Feulgen, et donne un complexe rouge intense.
Le réactif de schiff peut également être utilisé pour mettre en évidence les chaînes polysaccharidiques, après oxydation par l'acide périodique de certaines fonctions alcool des unités glucidiques en fonction aldéhydes.

QCM 3.

La préparation d'une coupe histologique à partir d'un échantillon de tissu pour l'analyse au microscope photonique nécessite une succession d'étapes :

FAUX A/ Fixation-lavage-déshydratation-toluène-inclusion dans la paraffine – coupe à l'ultra-microtome- déparaffinage-réhydratation- coloration- déshydratation-montage

FAUX B/ Fixation-lavage-déshydratation-toluène-inclusion dans l'épon – coupe au microtome- déparaffinage- réhydratation- coloration-déshydratation-montage

FAUX C/ Fixation-lavage-réhydratation-toluène-inclusion dans la paraffine – coupe au microtome- déparaffinage- déshydratation-coloration- réhydratation-montage

VRAI D/ Fixation-lavage-déshydratation-toluène-inclusion dans la paraffine – coupe au microtome- déparaffinage- réhydratation-coloration- déshydratation-montage

FAUX E/ Aucune des réponses ci-dessus n'est exacte

Après la fixation, l'échantillon est déshydraté et passé dans un solvant de la paraffine, le toluène avant inclusion dans la paraffine qui n'est pas miscible à l'eau. Après la réalisation des coupes histologiques au microtome, la coupe est réhydratée pour pouvoir être colorée par un colorant aqueux. La coupe colorée est alors déshydratée pour pouvoir être montée dans un milieu non miscible à l'eau.

QCM 4.

Cryofracture/cryodécapage

FAUX A/ Dans la technique de cryodécapage, on analyse la surface cellulaire en microscope à balayage

VRAI B/ Dans les techniques de cryofacture et de cryodécapage, on analyse, en microscopie électronique, la réplique d'une surface de facture

VRAI C/ Le principe de la technique de cryofracture consiste à congeler rapidement l'échantillon avant de le fracturer sous vide et de réaliser un dépôt métallique de platine qui est consolidé par vaporisation de carbone

VRAI D/ Dans le cryodécapage, le principe est le même que dans la cryofracture mais une étape de décapage par sublimation supplémentaire a lieu avant l'ombrage au platine

FAUX E/ Aucune des réponses ci-dessus n'est exacte

La cryofracture, comme le cryodécapage, n'analysent pas la surface cellulaire en microscopie à balayage mais analyse en microscopie

électronique à transmission une réplique métallique d'une surface cellulaire.
En cryodécapage, la sublimation de la surface de fracture permet d'accentuer les reliefs de la surface de fracture avant l'ombrage au platine (la réalisation de la réplique).

QCM 5.

VRAI A/ Une coupe sagittale passe par le plan de symétrie bilatérale de l'organisme étudié

VRAI B/ Une coupe frontale passe par un plan perpendiculaire au plan de symétrie bilatérale

FAUX C/ Une coupe méridienne passe par le plan de symétrie bilatérale de l'organisme étudié

FAUX D/ Une coupe transversale passe par un plan parallèle à l'axe antéro-postérieur

FAUX E/ Aucune des réponses ci-dessus n'est exacte

Une coupe méridienne est une coupe qui passe par le pôle animal-pôle végétatif. Elle ne peut passer par le plan de symétrie bilatérale que dans de rares cas : par exemple, chez un œuf d'amphibien qui a effectué sa rotation de symétrisation, si la coupe méridienne passe par le croissant dépigmenté.
La coupe transversale passe par un plan perpendiculaire à l'axe antéro-postérieur (céphalo-caudal) et dorso-ventral.

QCM 6.

L'histoautoradiographie :

FAUX A/ Utilise un précurseur radioactif marqué au P32

FAUX B/ Implique un transfert sur une membrane de nitrocellulose

FAUX C/ met en jeu une phase de « pulse » ou le précurseur non radioactif est fourni pendant une période courte

VRAI D/ Permet d'étudier le lieu de synthèse et le devenir d'une macromolécule

FAUX E/ Aucune des réponses ci-dessus n'est exacte

En histoautoradiographie, on utilise des isotopes radioactifs comme le tritium (H^3), émettant des électrons de faible énergie. Ce n'est pas le cas du P^{32}, qui est un isotope trop puissant pour cette technique.
Dans l'histoautoradiographie, des coupes de tissus ayant incorporées un précurseur radioactif sont placées sur une lame porte-objet, avant qu'une émulsion photographique soit coulée. Il n'y a jamais de transfert sur une membrane dans cette technique.

La phase de « pulse » est la période courte au cours de laquelle on fournit le précurseur radioactif spécifique de la macromolécule étudiée : le pulse permet d'étudier le lieu de synthèse de la macromolécule.

QCM 7.

VRAI A/ Dans la centrifugation différentielle, les critères de séparation sont la masse et le volume

FAUX B/ Dans la centrifugation isopycnique, les organites cellulaires sont séparés sur un gradient de chlorure de césium

FAUX C/ Le facteur temps n'est pas limitant dans une centrifugation de zone

VRAI D/ La centrifugation isopycnique permet de séparer les organites en fonction de leur densité

FAUX E/ Aucune des réponses ci-dessus n'est exacte

Dans la centrifugation isopycnique, les organites cellulaires sont généralement séparés sur un gradient de saccharose. Ce sont les acides nucléiques que l'on sépare par cette technique sur un gradient de chlorure de césium.
Le facteur temps est un facteur limitant dans la centrifugation de zone car le gradient de saccharose utilisé a, en tout point, une densité inférieure à celle des organites à séparer : si la centrifugation zonale dure trop longtemps, tous les organites cellulaires se retrouvent au niveau du culot. C'est une différence importante avec la centrifugation isopycnique (à équilibre de densité) où le facteur temps n'intervient pas car le gradient de densité utilisé se situe dans la gamme de densité des organites cellulaires à séparer: au cours de la centrifugation isopycnique, les organites ne vont pas plus loin que leur densité de flottaison.

QCM 8.

FAUX A/ La PCR utilise des ARN polymérases thermostables isolées de bactéries vivant dans des sources chaudes où la température peut atteindre 90°C

FAUX B/ Un cycle de PCR est composé de trois étapes successives : Dénaturation-Elongation- Hybridation des amorces

VRAI C/ La technique de RT-PCR peut être utilisée pour cloner un cDNA

VRAI D/ La technique de RT-PCR peut être utilisée pour détecter des ARNm présents en faible quantité

FAUX E/ Aucune des réponses ci-dessus n'est exacte

La PCR utilise des ADN polymérases thermostables isolées de bactéries vivant dans des sources chaudes où la température peut atteindre 90°C.
Un cycle de PCR est composé de trois étapes successives : Dénaturation- Hybridation des amorces- Elongation.
La technique de RT-PCR peut être utilisée pour détecter des ARNm présents en faible quantité mais est aussi utiliser pour amplifier un cDNA que l'on souhaite cloner.

QCM 9.

VRAI A/ La technique de Northern blot peut permettre de déterminer la taille d'un ARNm

FAUX B/ Dans la technique de Northern blot les ARNm ne sont jamais soumis à une dénaturation

FAUX C/ La technique de Northern blot implique systématiquement une hybridation de la membrane de nylon (ou de nitrocellulose) avec une sonde nucléique marquée au P32

FAUX D/ La technique de Northern blot donne les mêmes informations que l'hybridation in situ

FAUX E/ Aucune des réponses ci-dessus n'est exacte

Dans la technique de Northern blot, les ARNm sont généralement soumis à une dénaturation, pour rompre les éventuels appariements de séquences complémentaires.
Dans le Northern blot, l'hybridation de la membrane se fait avec une sonde radioactive marquée au P32 ou avec une sonde froide (marquée, par exemple à la digoxigénine).
L'hybridation in situ permet la localisation spatiale des ARNm sur une coupe histologique (ou un embryon entier), ce que ne permet pas le Northern blot.

QCM 10.

FAUX A/ La technique d'hybridation in situ peut utiliser une sonde ARN antisens marquée au P32

VRAI B/ La technique d'hybridation in situ peut être réalisée sur coupe histologique ou sur l'embryon entier

VRAI C/ L'hybridation in situ peut permettre d'étudier la localisation spatiale et temporelle d'un ARNm spécifique au cours du développement

FAUX D/ L'hybridation in situ utilise systématiquement des ARN antisens marqués à la digoxigénine

FAUX E/ Aucune des réponses ci-dessus n'est exacte

L'hybridation in situ peut être réalisée sur coupe histologique ou sur l'embryon entier en utilisant une sonde ARN marquée au S35 ou marquée à la digoxigénine mais jamais avec une sonde marquée au P32, qui émet des électrons de trop forte énergie.

QCM 11.

VRAI A/ L'immunofluorescence utilise un microscope photonique

FAUX B/ L'immunofluorescence indirecte est une technique moins résolutive que l'immunofluorescence directe

VRAI C/ la technique d'immunofluorescence utilise un anticorps marqué par un fluorochrome

VRAI D/ Dans l'immunofluorescence indirecte, l'anticorps primaire utilisé peut être un anticorps monoclonal ou polyclonal

FAUX E/ Aucune des réponses ci-dessus n'est exacte

L'immunofluorescence indirecte est une technique plus résolutive que l'immunofluorescence directe car l'utilisation d'un anticorps secondaire (marqué par un fluorochorme) anti-anticorps primaire, amplifie le signal. Dans la technique d'immunofluorescence, l'anticorps primaire peut être monoclonal ou polyclonal mais la technique utilise toujours un microscope photonique.

QCM 12.

La co-immunoprécipitation est une technique :

FAUX A/ Très utilisée pour étudier les interactions anticorps-protéine

FAUX B/ Qui permet l'étude des interactions protéines-oligosaccharide

VRAI C/ Très utilisée pour étudier les interactions protéine-protéine

FAUX D/ Qui permet de séparer, en phase liquide, une protéine d'intérêt et les protéines qui lui sont associées grâce à une précipitation à l'acétone.

FAUX E/ Aucune des réponses ci-dessus n'est exacte

La technique de co-immunoprécipitation est couramment utilisée pour étudier les interactions protéine-protéine, directes ou indirectes. Le principe repose sur le fait que lors de l'immunoprécipitation d'une protéine d'intérêt avec un anticorps spécifique, les protéines qui sont associées à la protéine d'intérêt sont également précipitées.

QCM 13.

L'immunoprécipitation de la chromatine :

FAUX A/ Est une technique permettant d'analyser les interactions anticorps-ADN

VRAI B/ Implique la purification de complexes ADN-protéines liés après un traitement par du formaldéhyde

FAUX C/ Implique un clivage de l'ADN en fragments de 500 à 1000 paires de bases grâce à des enzymes de restriction

VRAI D/ Est une technique qui permet d'identifier les sites de liaison d'un facteur de transcription sur l'ADN in situ

FAUX E/ Aucune des réponses ci-dessus n'est exacte

L'immunoprécipitation de la chromatine est une technique qui permet d'identifier les sites de liaison d'un facteur de transcription sur l'ADN in situ. Cette technique consiste à purifier des complexes ADN-protéines liés après un traitement par du formaldéhyde. Après fixation au formaldéhyde, l'ADN est clivé en fragments de 500 à 1000 paires de bases par sonication (et en aucun cas par des enzymes de restriction). La protéine d'intérêt, un facteur de transcription par exemple, est ensuite immunoprécipité et l'ADN auquel elle était liée est récupéré, purifié et amplifié par PCR.

QCM 14.

VRAI A/ L'interférence ARN peut être utilisée comme stratégie de perte de fonction

VRAI B/ Le complexe RISC-ARN interférent n'est pas détruit par la coupure de l'ARNm cible et peut s'associer à nouveau à un autre ARNm cible et le cliver

FAUX C/ Le complexe RISC-ARN interférent double brins cible un ARNm et le dégrade

VRAI D/ Les siARN sont des petits ARN double brins d'environ 20 paires de bases

FAUX E/ Aucune des réponses ci-dessus n'est exacte

L'interférence ARN est une stratégie de perte de fonction très performante : des siARN, des petits ARN double brins d'environ 20 paires de bases, sont introduits artificiellement dans les cellules ; un des deux brins du siARN, dit « passager », est éliminé tandis que l'autre, appelé « guide », associé au complexe multiprotéique, RISC, le dirige vers les ARNm ayant une séquence complémentaire au brin guide. Si la complémentarité siARN/ARNm est parfaite, le complexe RISC clive l'ARNm et le dégrade. Le complexe RISC-ARN interférent n'est pas détruit par la coupure de l'ARNm cible et peut s'associer à nouveau à un autre ARNm cible et le cliver.

QCM 15.

Dans les stratégies antisens :

VRAI A/ Les oligomorpholinos antisens sont plus stables que les ARN antisens

FAUX B/ Les oligomorpholinos antisens entrainent la dégradation de leur ARNm cible

VRAI C/ Les ARN antisens entrainent la dégradation de l'ARNm cible.

FAUX D/ Comme les ARN antisens, les oligomorpholinos bloquent la traduction de l'ARNm cible

FAUX E/ Aucune des réponses ci-dessus n'est exacte

Les oligomorpholinos sont des molécules synthétiques beaucoup plus stables que les ARN.
Liés à une région 5' non traduite d'un ARNm, les oligomorpholinos antisens bloquent la traduction de l'ARNm.
Les ARN antisens entrainent la dégradation de l'ARNm cible contrairement aux oligomorpholinos antisens qui bloquent la traduction.

QCM 16.

Les stratégies dominant-négatif :

FAUX A/ Ne peuvent être utilisées que qu'au niveau de l'œuf fécondé d'amphibien

VRAI B/ Peuvent être utilisées sur une culture cellulaire

VRAI C/ Peuvent être utilisées pour inhiber la fonction d'un récepteur membranaire aussi bien que d'un facteur de transcription

VRAI D/ N'empêche pas la synthèse de la protéine d'intérêt endogène

FAUX E/ Aucune des réponses ci-dessus n'est exacte

Les stratégies dominant-négatif peuvent être utilisés au niveau de l'œuf d'amphibien, chez la souris ou la drosophile aussi bien que dans une culture cellulaire pour inhiber la fonction d'un récepteur membranaire comme celle d'un facteur de transcription. La protéine constitutivement inactive, majoritaire (« dominant négatif ») entre en compétition avec la protéine endogène et bloque son fonctionnement sans modifier la synthèse de la protéine d'intérêt endogène.

QCM 17.

On peut dire d'un récepteur dominant négatif :

FAUX A/ Que c'est un récepteur constitutivement actif

VRAI B/ Qu'il est utilisé dans des stratégies de « perte de fonction »

FAUX C/ Que c'est un récepteur fonctionnel, d'origine exogène et majoritaire, utilisé pour inhiber, par compétition, la fonction d'un récepteur endogène d'intérêt

FAUX D/ Que c'est un récepteur non fonctionnel, d'origine exogène et majoritaire, utilisé pour inhiber la synthèse du récepteur endogène d'intérêt

FAUX E/ Aucune des réponses ci-dessus n'est exacte

Un récepteur dominant négatif est un récepteur constitutivement inactif, non fonctionnel utilisé dans des stratégies de « perte de fonction » : il est d'origine exogène et majoritaire, et utilisé pour inhiber, par compétition, la fonction d'un récepteur endogène d'intérêt sans inhiber sa synthèse.

QCM 18.

Le test de la calotte animale (« animal cap assay ») :

FAUX A/ Nécessite une phase de culture cellulaire à 37°C

FAUX B/ Peut être utilisée chez la souris comme chez l'amphibien

VRAI C/ permet d'analyser la faculté d'un facteur protéique donné à induire l'expression de gènes cibles putatifs

VRAI D/ Implique la microdissection d'un territoire embryonnaire compétent

FAUX E/ Aucune des réponses ci-dessus n'est exacte

Le test de la calotte animale permet d'analyser la faculté d'un facteur protéique donné à induire l'expression de gènes cibles putatifs, chez les amphibiens. Il implique la microdissection d'un territoire embryonnaire compétent, la calotte animale de blastulas expérimentales (micro-injectées par un ARNm codant la protéine dintérêt au stade 2 blastomères) ou de blastulas témoins, et sa mise en culture à température ambiante avant une analyse par RT-PCR ou une analyse morphologique.

QCM 19.

FAUX A/ L'hydroxurée bloque l'entrée des cellules en phase M et est utilisée pour synchroniser les cultures cellulaires

VRAI B/ La chromatographie d'affinité est une technique de séparation de molécules véhiculées dans une phase mobile, en fonction de leur interactions avec des ligands fixés sur un support stationnaire

FAUX C/ Les ARN totaux sont souvent purifiés par chromatographie d'affinité

FAUX D/ Le DAPI est une molécule fluorescente couramment utilisée pour mettre en évidence les acides nucléiques

FAUX E/ Aucune des réponses ci-dessus n'est exacte

L'hydroxurée est une molécule qui bloque l'entrée des cellules en phase S et qui est utilisée pour synchroniser les cultures cellulaires.
Ce sont les ARNm que l'on purifie par chromatographie d'affinité, en utilisant des colonnes associées à des oligo-dT.
Le DAPI est une molécule fluorescente couramment utilisée pour mettre en évidence l'ADN car elle est capable de se lier fortement aux bases, adénine et thymine, de l'ADN. On détecte alors l'ADN sur coupes grâce à un microscope à fluorescence ou par cytométrie de flux.

QCM 20.

VRAI A/ Une culture primaire est une culture de cellules qui proviennent directement d'un tissu

FAUX B/ La cellule transformée est caractérisée par une perte de l'inhibition de contact, une perte de la dépendance vis-à-vis de l'ancrage, une croissance illimitée, une dépendance importante aux facteurs de croissance et la tumorigénicité

FAUX C/ Tous les types cellulaires peuvent être cultivés en milieu liquide

VRAI D/ Les lignées cellulaires immortelles provenant de cellules cancéreuses sont le plus souvent aneuploïdes

FAUX E/ Aucune des réponses ci-dessus n'est exacte

La cellule transformée est caractérisée par une perte de l'inhibition de contact, une perte de la dépendance vis-à-vis de l'ancrage, une croissance illimitée, <u>une indépendance vis-à-vis des facteurs de croissance</u> et la tumorigénicité.
Tous les types cellulaires ne peuvent être cultivés en milieu liquide, beaucoup de types cellulaires ont besoin d'être cultivés sur support solide.

Chapitre 2 - Membranes biologiques - Corrigés

QCM 21.

VRAI A/ La microscopie à transmission permet de mettre en évidence la structure trilaminaire des membranes biologiques

FAUX B/ La technique de cryofracture permet de mettre en évidence une structure trilaminaire et une structure particulaire au niveau des membranes biologiques

VRAI C/ Les phospholipides représentent 50 à 70% des constituants lipidiques des membranes biologiques

FAUX D/ Lorsque tous les carbones d'une chaine hydrophobe d'acide gras sont reliés par des liaisons simples, la chaine est dite insaturée

FAUX E/ Aucune des réponses ci-dessus n'est exacte

La microscopie à transmission permet de mettre en évidence la structure trilaminaire des membranes biologiques et la technique de cryofracture permet de mettre en évidence une structure particulaire au niveau des membranes biologiques.
Lorsque tous les carbones d'une chaine hydrophobe d'acide gras sont reliés par des liaisons simples, la chaine est dite saturée.

QCM 22.

FAUX A/ Au contact de l'eau, les molécules lipidiques s'agrègent de façon à masquer leurs régions hydrophiles

VRAI B/ En fonction de leur concentration par rapport au milieu aqueux, les molécules lipidiques forment, soit des micelles, soit des feuillets bimoléculaires

FAUX C/ Le terme de micelle est un synonyme de liposome

VRAI D/ Les liposomes peuvent être utilisés comme vecteurs pour transporter dans les cellules à des fins thérapeutiques ou expérimentales

FAUX E/ Aucune des réponses ci-dessus n'est exacte

Au contact de l'eau, les molécules lipidiques s'agrègent de façon à masquer leurs régions hydrophobes et forment, en fonction de leur concentration par rapport au milieu aqueux, les molécules lipidiques forment, soit des micelles, soit des feuillets bimoléculaires.
Le terme de micelle n'est pas du tout un synonyme de liposome : dans un micelle, les molécules lipidiques s'assemblent en une formation sphérique d'une quarantaine d'angströms de diamètre, les chaînes hydrophobes occupant le centre de la sphère. Les liposomes sont des formations plurilamellaires ou monolamllaires renfermant une partie du milieu aqueux où ils sont formés. Les liposomes sont obtenus en plaçant

des phospholipides dans un milieu aqueux et en provoquant une agitation du milieu. Les liposomes ont un diamètre de 25 nm à 1 μm.

QCM 23.

FAUX A/ Si les phospholipides utilisés pour fabriquer les membranes artificielles sont en majorité saturés, ces membranes sont très fluides

FAUX B/ Dans les membranes artificielles comme dans les membranes biologiques, les molécules lipidiques effectuent des déplacements au sein du feuillet bimoléculaire : diffusion latérale, flexions, rotations et mouvements de flip-flop

VRAI C/ La configuration en « cristal liquide » d'une membrane artificielle, avec son caractère ordonné et périodique est caractéristique de la présence de phospholipides en majorité saturés

VRAI D/ Les molécules de cholestérol rendent la bicouche lipidique moins déformable et diminue sa perméabilité aux petites molécules hydrophiles

FAUX E/ Aucune des réponses ci-dessus n'est exacte

La configuration en « cristal liquide » d'une membrane artificielle, avec son caractère ordonné et périodique est caractéristique de la présence de phospholipides en majorité saturés. Dans ces conditions, les phospholipides se déplacent peu et l'ensemble de la membrane est peu fluide (état visqueux). Dans les membranes biologiques, les molécules lipidiques effectuent des déplacements au sein du feuillet bimoléculaire : diffusion latérale, flexions, rotations et mouvements de flip-flop. Dans, les membranes artificielles, par contre, les mouvements de bascule (flip-flop) sont totalement exceptionnels car ils nécessitent la présence de protéines de transport spécifiques utilisant l'ATP.

QCM 24.

VRAI A/ L'abaissement de la température diminue la fluidité membranaire

VRAI B/ Dans une membrane artificielle composée de phospholipides et de polypeptides fortement hydrophobes, l'analyse en microscopie à transmission classique révèle une structure trilaminaire

VRAI C/ Les protéines membranaires extrinsèques sont des protéines hydrophiles

FAUX D/ Dans une membrane artificielle composée de phospholipides et de polypeptides fortement hydrophiles, l'analyse par cryofracture révèle une structure particulaire intramembranaire

FAUX E/ Aucune des réponses ci-dessus n'est exacte

Les protéines membranaires extrinsèques sont des protéines hydrophiles qui se disposent à la périphérie de la double couche

lipidique en établissant des liaisons faibles avec les extrémités polaires des lipides, ou avec d'autres protéines membranaires.
Dans une membrane artificielle composée de phospholipides et de polypeptides fortement hydrophiles, l'analyse par cryofracture ne révèle pas de structure particulaire intramembranaire car les polypeptides fortement hydrophiles ne traversent pas la bicouche lipidique.

QCM 25.

FAUX A/ Les protéines membranaires intrinsèques peuvent être détachées des membranes biologiques en modifiant la force ionique du milieu
VRAI B/ Les protéines extrinsèques peuvent facilement être détachées des membranes biologiques isolées sans destruction de la bicouche lipidique
VRAI C/ Les détergents sont des petites molécules amphipathiques
VRAI D/ Les détergents solubilisent les lipides et les protéines membranaires intrinsèques et forment des micelles à fortes concentrations
FAUX E/ Aucune des réponses ci-dessus n'est exacte

Les protéines extrinsèques peuvent facilement être détachées des membranes biologiques isolées sans destruction de la bicouche lipidique ; ce qui n'est pas le cas pour les protéines membranaires intrinsèques puisque l'emploi de détergents, qui désorganisent la bicouche lipidique, est nécessaire pour les isoler.

QCM 26.

FAUX A/ Les protéines intrinsèques sont toutes des protéines transmembranaires
FAUX B/ Toutes les protéines transmembranaires possèdent des régions hydrophobes immergées dans la matrice lipidique, où elles forment une ou plusieurs hélices alpha
FAUX C/ Les porines sont des protéines transmembranaires que l'on rencontre au niveau de la membrane plasmique
VRAI D/ Les porines se présentent comme un «anneau» formé par le passage multiple de 16 feuillets β à travers la bicouche lipidique
FAUX E/ Aucune des réponses ci-dessus n'est exacte

Dans les protéines intrinsèques, il y a des protéines transmembranaires, qui possèdent des régions hydrophobes, et des protéines enchâssées (fortement liées) majoritairement hydrophiles et ancrées dans la matrice lipidique par l'intermédiaire de chaînes d'acides gras.
Toutes les protéines transmembranaires ne possèdent des régions hydrophobes immergées dans la matrice lipidique, où elles forment une ou plusieurs hélices alpha : un bel exemple contraire est la porine, protéine de la membrane externe de la mitochondrie.

QCM 27.

FAUX A/ Toutes les protéines intrinsèques sont des protéines hydrophobes

VRAI B/ C'est la présence des protéines transmembranaires, en partie immergées dans la matrice lipidique qui explique la structure particulaire observée en cryofracture

FAUX C/ Les protéines enchâssées présentent des acides aminés majoritairement hydrophiles mais sont étroitement ancrées dans la matrice lipidique sur la face hyaloplasmique

VRAI D/ Les protéines enchâssées sur la face hyaloplasmique d'une membrane biologique sont associées à la membrane au niveau d'une chaine unique d'acide gras

FAUX E/ Aucune des réponses ci-dessus n'est exacte

Dans les protéines intrinsèques, il y a des protéines transmembranaires, qui possèdent des régions hydrophobes, et des protéines enchâssées (fortement liées) majoritairement hydrophiles et ancrées dans la matrice lipidique par l'intermédiaire de chaînes d'acides gras.
Les protéines enchâssées présentent des acides aminés majoritairement hydrophiles mais sont étroitement ancrées dans la matrice lipidique sur la face hyaloplasmique ou sur la face cisternaire (extracytoplasmique).
Les protéines enchâssées sur la face hyaloplasmique d'une membrane biologique sont associées à la membrane au niveau d'une chaine unique d'acide gras et les protéines enchâssées sur la face cisternaire (extracytoplasmique) par une ancre GPI (avec un phospholipide).

QCM 28.

VRAI A/ Les protéines fortement liées à la face cisternaire des membranes biologiques sont liées par une ancre GPI

FAUX B/ Les protéines enchâssées sur la face cisternaire des membranes biologiques peuvent être liées par prénylation ou par myristilation

VRAI C/ Les radeaux lipidiques sont des microdomaines membranaires connus pour leur résistance aux détergents

VRAI D/ Les radeaux lipidiques sont enrichis en cholesterol et en sphingolipides

FAUX E/ Aucune des réponses ci-dessus n'est exacte

Ce sont les protéines enchâssées sur la face hyaloplasmique des membranes biologiques qui peuvent être liées par prénylation ou par myristilation.

Chapitre 3 – Cytosquelette - Corrigés

QCM 29.

VRAI A/ Le cytosquelette représente une charpente intra-hyaloplasmique pour la cellule

VRAI B/ Plusieurs centaines de microtubules labiles, assemblés en faisceaux, rayonnent dans la cellule à partir du centrosome

FAUX C/ Les microfilaments intermédiaires sont solubles et stables

FAUX D/ Les microtubules et les microfilaments d'actine et de myosine I sont impliqués dans les mouvements intracellulaires mais pas dans les mouvements amibiens.

FAUX E/ Aucune des réponses ci-dessus n'est exacte

Les microfilaments intermédiaires sont insolubles et stables.
Les microtubules et les microfilaments d'actine et de myosine I sont impliqués dans les mouvements intracellulaires mais également dans les mouvements amibiens.

QCM 30.

FAUX A/ Les microfilaments de myosine II ont un diamètre de 300 A et une longueur d'environ 150 nm

FAUX B/ Les microtubules ont un diamètre externe d'environ 140 A

FAUX C/ Les microfilaments intermédiaires sont formés par l'assemblage de protéines globulaires et ont un diamètre de 100A

VRAI D/ Les microfilaments sont des cylindres pleins de 5 nm à 15 nm de diamètre

FAUX E/ Aucune des réponses ci-dessus n'est exacte

Les microfilaments de myosine II ont une épaisseur de 150 A et une longueur d'environ 300 nm.
Les microtubules ont un diamètre externe d'environ 240 A.
Les microfilaments intermédiaires sont formés par l'assemblage de protéines fibrillaires et ont un diamètre de 100 A.

QCM 31.

VRAI A/ Le GTP associé au monomère de tubuline α n'est jamais hydrolysé ni échangé

VRAI B/ La présence des GTP associés aux tubulines est nécessaire pour qu'il y ait polymérisation des microtubules

FAUX C/ L'hydrolyse du GTP associé au monomère de tubuline β est nécessaire à la polymérisation des microtubules

VRAI D/ Le monomère de tubuline β est une GTPase

FAUX E/ Aucune des réponses ci-dessus n'est exacte

Le GTP associé au monomère de tubuline α n'est jamais hydrolysé ni échangé, il y est associé de manière constitutive.
Si la présence des GTP associés aux tubulines est nécessaire pour qu'il y ait polymérisation des microtubules, l'hydrolyse du GTP associé au monomère de tubuline β n'est pas nécessaire à la polymérisation des microtubules : au contraire elle affaiblit les liaisons entre les hétérodimères successifs au sein du protofilament.

QCM 32.

FAUX A/ «L'instabilité dynamique» est un état particulier d'équilibre dynamique entre polymérisation et dépolymérisation dans lequel se maintiennent les axonèmes des flagelles et les microtubules labiles

VRAI B/ In vitro, l'extrémité (+) et l'extrémité (-) du microtubule s'allongent ou régressent selon les conditions du milieu

FAUX C/ L'extrémité (+) des microtubules labiles est moins dynamique que l'extrémité (-)

FAUX D/ In vivo, l'extrémité (+) des microtubules labiles, comme l'extrémité (-), s'allonge ou régresse rapidement

FAUX E/ Aucune des réponses ci-dessus n'est exacte

«L'instabilité dynamique» est un état particulier d'équilibre dynamique entre polymérisation et dépolymérisation dans lequel se maintiennent les microtubules labiles mais pas les axonèmes des flagelles qui sont des structures microtubulaires stables.
L'extrémité (+) des microtubules labiles est plus dynamique que l'extrémité (-) : in vitro, en fonction des conditions de milieu, elle polymérise ou dépolymérise deux fois plus vite que l'extrémité (-).
In vivo, seule l'extrémité (+) des microtubules labiles s'allonge ou régresse rapidement.

QCM 33.

VRAI A/ La zone péricentriolaire du centrosome représente le centre de nucléation des microtubules

FAUX B/ La concentration en molécules libres de tubulines est homogène et relativement importante en tout point du hyaloplasme

VRAI C/ Le centre de nucléation des microtubules représente une zone particulièrement riche en tubulines (α, β et γ)

VRAI D/ Les complexes γTuRC servent de matrice pour la nucléation des nouveaux microtubules labiles

FAUX E/ Aucune des réponses ci-dessus n'est exacte

La concentration en molécules libres de tubulines est toujours relativement faible dans le hyaloplasme. Il existe cependant un «centre de nucléation», une zone hyaloplasmique particulièrement riche en tubulines : c'est la zone péricentriolaire du centrosome, qui représente le centre organisateur des microtubules.

QCM 34.

FAUX A/ L'extrémité (-) des microtubules labiles est stabilisée et associée aux centrioles par les complexes γTuRC et des protéines d'ancrage (MAP)

VRAI B/ L'extrémité distale des microtubules labiles est située en direction de la périphérie de la cellule

VRAI C/ La dynamique « type » de l'extrémité (+) d'un microtubule labile est la suivante : nucléation – élongation- catastrophe- sauvetage- fonte rapide

FAUX D/ Les catastrophines, qui font partie de la superfamille des dynéines, favorisent la dépolymérisation des microtubules

FAUX E/ Aucune des réponses ci-dessus n'est exacte

L'extrémité (-) des microtubules labiles reste immergée dans le matériel <u>péricentriolaire.</u> Les complexes γTuRC et des protéines d'ancrage (MAP) «coiffent» l'extrémité proximale (-) des microtubules et la stabilisent.
Les catastrophines sont des protéines qui font partie de la superfamille des kinésines et qui favorisent la dépolymérisation des microtubules.

QCM 35.

VRAI A/ Les kinésines, comme les dynéines, sont des protéines motrices associées aux microtubules possédant une activité ATPasique

FAUX B/ Les kinésines sont, comme les molécules de myosine II, formées de 2 chaînes lourdes associées à quatre chaînes légères

VRAI C/ Les dynéines sont composées de deux à trois chaînes lourdes associées à un nombre variable de chaînes légères.

FAUX D/ Les kinésines font glisser les structures qui leurs sont associées sur les microtubules de l'extrémité (+) vers l'extrémité (-)

FAUX E/ Aucune des réponses ci-dessus n'est exacte

Les kinésines sont formées de 2 chaînes lourdes associées à 2 chaînes légères, alors que les molécules de myosine II sont formées de 2 chaînes lourdes associées à 4 chaînes légères.
Les kinésines font glisser les structures qui leurs sont associées sur les microtubules de l'extrémité (-) vers l'extrémité (+).

QCM 36.

VRAI A/ Certaines kinésines sont capables d'une grande spécificité dans le choix de la cargaison

FAUX B/ Comme la kinésine, la dynéine se fixe directement à la membrane biologique de la vésicule/organite à transporter

FAUX C/ Les dynéines axonémales sont responsables du glissement les vésicules qui leurs sont associées sur les microtubules de l'axonème des cils et des flagelles de l'extrémité (+) vers l'extrémité (-)

FAUX D/ Les dynéines s'associent aux membranes du réticulum endoplasmique et tendent à le regrouper dans la région du centrosome

FAUX E/ Aucune des réponses ci-dessus n'est exacte

Certaines kinésines sont capables d'une grande spécificité dans le choix de la cargaison, ainsi la kinésine KIF1 est impliquée dans le transport des mitochondries.
La dynéine ne se fixe pas directement à la membrane biologique de la vésicule/organite à transporter. Elle a besoin de la dynactine, un grand complexe protéique qui attache les vésicules aux chaînes légères de la dynéine.
Les dynéines axonémales sont responsables des mouvements ondulatoires ou de battements de l'axonème des cils et des flagelles.
Les dynéines s'associent aux membranes des éléments de l'appareil de Golgi et tendent à les regrouper dans la région du centrosome.

QCM 37.

FAUX A/ Le taxol se fixe aux microtubules et empêche leur polymérisation

VRAI B/ Le taxol stabilise les microtubules

VRAI C/ La vinblastine se lie tubulines libres, ce qui conduit à la dépolymérisation des microtubules

FAUX D/ Le nocodazole immobilise les tubulines hyaloplasmiques libres sous forme insoluble et empêche la polymérisation des microtubules

FAUX E/ Aucune des réponses ci-dessus n'est exacte

Le taxol se fixe aux microtubules et empêche leur dépolymérisation ; il les stabilise. La vinblastine se lie tubulines libres, et les immobilisent sous forme insoluble (cristalisation) ce qui conduit à la dépolymérisation des microtubules et à leur disparition.
Le nocodazole se lie aux hétérodimères de tubulines hyaloplasmiques libres. Leur présence à l'extrémité distale (+) d'un microtubule bloque la polymérisation alors que la dépolymérisation se poursuit, ce qui entraine la disparition des microtubules. Son action est cependant réversible.

QCM 38.

FAUX A/ In vitro, en présence de Mg++ et d'ATP, et dans un milieu riche en K+ (ou en Na+), les molécules d'actine G se polymérisent en microfilament d'actine F de manière irréversible.

VRAI B/ L'actine F se dépolymérise en actine G, in vitro, en présence de Ca++ et à des concentrations très faibles de Mg++ et K+

VRAI C/ Les microfilaments d'actine F présentent une polarité et sont maintenus dans un état de « ressourçage » permanent assez comparable à l'état d'équilibre dynamique des microtubules

VRAI D/ Les protéines Arp (le complexe Arp2/3) accélèrent le phénomène de nucléation conduisant à la formation du microfilament d'actine F

FAUX E/ Aucune des réponses ci-dessus n'est exacte

In vitro, en présence de Mg++ et d'ATP, et dans un milieu riche en K+ (ou en Na+), les molécules d'actine G se polymérisent en microfilament d'actine F, mais le processus est réversible en fonction des conditions de mileu (voir réponse B).

QCM 39.

VRAI A/ Les protéines de coiffe stabilisent les microfilaments d'actine F en s'associant à leurs extrémités

VRAI B/ L'α-actinine et la fimbrine relient les microfilaments d'actine les uns aux autres dans des arrangements parallèles plus ou moins serrés (fimbrine) ou plus ou moins lâches (α-activine) pour former des faisceaux bidimensionnels

FAUX C/ La villine et la fimbrine sont des protéines de fragmentation des microfilaments d'actine

VRAI D/ les protéines de fasciculation favorisent l'amorçage des phénomènes d'élongation des microfilaments

FAUX E/ Aucune des réponses ci-dessus n'est exacte

La villine et la fimbrine sont des protéines de fasciculation des microfilaments d'actine.

QCM 40.

VRAI A/ Le taux de Ca++ hyaloplasmique régule l'activité biologique des protéines associées aux actines

FAUX B/ La filamine favorise le passage d'un état de cytogel à un état de cytosol

FAUX C/ La gelsoline est une protéine de fasciculation à des fortes concentrations de Ca++ hyaloplasmique

VRAI D/ L'α-actinine est une protéine associée aux actines impliquée dans la fasciculation comme dans l'ancrage membranaire

FAUX E/ Aucune des réponses ci-dessus n'est exacte

La filamine, protéine de réticulation, favorise le passage d'un état de cytosol fluide à un état de cytogel, dont la viscosité augmente, en entrainant la formation d'un réseau tridimensionnel de microfilaments d'actine.
La gelsoline est une protéine de fasciculation à des faibles concentrations de Ca++ hyaloplasmique et une protéine de fragmentation à des fortes concentrations de Ca++ hyaloplasmique.

QCM 41.

FAUX A/ La formation du microfilament d'actine F à partir de l'actine G nécessite toujours la présence de protéines de nucléation

VRAI B/ In vitro, en présence de Mg++ et d'ATP, et dans un milieu riche en K+, les molécules d'actine G se polymérisent en filament d'actine F

FAUX C/ La spectrine et l'ankyrine sont des protéines d'ancrage membranaire ubiquitaires

VRAI D/ Le complexe protéique Arp2/3 est capable d'amorcer la formation de microfilament d'actine F in vitro aussi bien qu'in vivo.

FAUX E/ Aucune des réponses ci-dessus n'est exacte

La formation du microfilament d'actine F à partir de l'actine G ne nécessite pas la présence de protéines de nucléation : celles-ci, comme le complexe protéique Arp2/3, ne font qu'accélérer le phénomène.
La spectrine et l'ankyrine sont des protéines d'ancrage membranaire, spécifiques du cortex des globules rouges.

QCM 42.

FAUX A/ La phalloïdine provoque la dépolymérisation des microfilaments d'actine

VRAI B/ La phalloïdine et la cytochalasine ont des rôles opposés

VRAI C/ La cytochalasine bloque in vitro la polymérisation des microfilaments d'actine à l'extrémité (+)

FAUX D/ La cytochalasine favorise l'association des microfilaments intermédiaires in vivo

FAUX E/ Aucune des réponses ci-dessus n'est exacte

La phalloïdine provoque la polymérisation des microfilaments d'actine et empêche leur dépolymérisation. La cytochalasine, au contraire, bloque la polymérisation de l'extrémité (+) des microfilaments d'actine in vitro.

QCM 43.

FAUX A/ Les microfilaments de myosine sont des protéines motrices à activité GTPasique

FAUX B/ Les myosines I et II sont impliquées dans la liaison aux membranes biologiques et dans les transports de vésicules le long des microfilaments d'actine

FAUX C/ La molécule de myosine I assure la contraction musculaire

VRAI D/ La molécule de myosine II est composée de deux chaînes lourdes associées à quatre chaînes légères

FAUX E/ Aucune des réponses ci-dessus n'est exacte

Les microfilaments de myosine sont des protéines motrices à activité ATPasique.
Les myosines I et V sont impliquées dans la liaison aux membranes biologiques et dans les transports de vésicules le long des microfilaments d'actine. La myosine II est impliquée dans les phénomènes de contraction cellulaire, dans les cellules musculaires et non musculaires.

QCM 44.

FAUX A/ La myosine II est spécifique des cellules musculaires

VRAI B/ La myosine I, la myosine II et la myosine V sont présentes dans presque toutes les cellules eucaryotes

FAUX C/ La myosine V est composée d'une seule chaine lourde

FAUX D/ La myosine I comme la myosine II est formée d'un dimère de chaines légères associé à un nombre différent de chaines légères

FAUX E/ Aucune des réponses ci-dessus n'est exacte

La myosine II n'est pas spécifique des cellules musculaires : elle peut représenter jusqu'à 35% des protéines totales dans les cellules musculaires et ne représente guère plus de 1% du contenu protéique dans les autres types cellulaires, même si elle joue un rôle fonctionnel important.
La myosine V, comme la myosine II, est composée d'un dimère de chaînes lourdes.
La myosine I ne présente qu'un monomère de chaîne lourde associée à une chaîne légère.

QCM 45.

VRAI A/ Les sous-unités constitutives des microfilaments intermédiaires sont des dimères protéiques allongés doté d'un domaine central en hélice α

FAUX B/ Ces dimères protéiques s'associent à la suite l'un de l'autre pour former un protofilament

VRAI C/ Ces dimères protéiques s'associent d'abord deux à deux de façon antiparallèle pour former des tétramères

VRAI D/ Une succession de tétramères alignés forme un protofilament

FAUX E/ Un microfilament intermédiaire est formé de l'association de 9 protofilaments

Lors de la formation du protofilament, les dimères protéiques s'associent d'abord deux à deux de façon antiparallèle, pour former des tétramères. Le protofilament est formé par une succession de tétramères alignés. Un microfilament intermédiaire est formé de l'association de 8 protofilaments.

QCM 46.

FAUX A/ Les microfilaments de vimentine sont spécifiques des cellules musculaires

VRAI B/ Les microfilaments intermédiaires cytoplasmiques présentent une grande spécificité en fonction du type cellulaire

VRAI C/ Les lamines sont des microfilaments intermédiaires nucléaires ubiquitaires

FAUX D/ Les microfilaments de desmine sont spécifiques des cellules épithéliales

FAUX E/ Aucune des réponses ci-dessus n'est exacte

Les microfilaments de vimentine sont spécifiques de nombreuses cellules d'origine mésenchymateuse comme les fibroblastes. Les microfilaments de desmine sont spécifiques des cellules musculaires.

QCM 47.

Dans un mouvement de reptation (mouvement amibien), on peut affirmer que :

VRAI A/ Trois phases se succèdent : protrusion, attachement, traction

VRAI B/ Un mouvement dit de « tapis roulant » des microfilaments d'actine pousse les lamellipodes en avant du front de progression

FAUX C/ Les intégrines membranaires font le lien entre les protéines de la matrice extracellulaire et les microfilaments de myosine II du cortex cellulaire au niveau des plaques d'adhésion

FAUX D/ Un phénomène d'endocytose et d'exocytose dirigées se produit au niveau du front de progression

FAUX E/ Aucune des réponses ci-dessus n'est exacte

Les intégrines membranaires font le lien entre les protéines de la matrice extracellulaire et les microfilaments d'actine du cortex cellulaire au niveau des plaques d'adhésion.
Un phénomène d'endocytose, d'internalisation, a lieu sur toute la surface de la cellule et l'exocytose se produit exclusivement au niveau du front de progression.

Chapitre 4 – Noyau - Corrigés

QCM 48.

L'enveloppe nucléaire :

FAUX A/ Est composée de deux membranes biologiques d'environ 6 à 8 A d'épaisseur

FAUX B/ Est une membrane biologique qui sépare l'intérieur du noyau du cytoplasme

FAUX C/ Est caractérisée par l'association de la lamina à la face nucléoplasmique de la membrane externe

VRAI D/ est composée d'une membrane interne et d'une membrane externe en continuité au niveau des complexes de pores

FAUX E/ Aucune des réponses ci-dessus n'est exacte

L'enveloppe nucléaire est composée d'une membrane interne et d'une membrane externe, d'environ 60 à 80 A (6 à 8 nm) d'épaisseur, en continuité au niveau des complexes de pores.
L'enveloppe nucléaire est caractérisée par l'association de la lamina à la face nucléoplasmique de la membrane interne.

QCM 49.

VRAI A / La lamina est constituée de microfilaments intermédiaires nucléaires.

FAUX B/ La lamina est une structure fibreuse nucléaire et cytoplasmique

VRAI C/ La lamina est une formation intranucléaire d'aspect fibreux épaisse de 150 à 500 A.

FAUX D/ La lamina est constituée de 4 types de lamines (A, B, C et D)

FAUX E/ Aucune des réponses ci-dessus n'est exacte

La lamina est une structure fibreuse nucléaire constituée de 3 types de lamines (A, B et C).

QCM 50.

En microscopie optique, la chromatine :

FAUX A/ Apparait, après une coloration topographique, composée de régions faiblement colorées formant l'hétérochromatine et de régions fortement colorées formant l'euchromatine

FAUX B/ Apparait comme un réseau régulier ayant une forte affinité pour les colorants basiques

VRAI C/ Présente une forte affinité pour les colorants basiques

FAUX D/ Apparait comme un réseau irrégulier ayant une forte affinité pour les colorants acides

FAUX E/ Aucune des réponses ci-dessus n'est exacte

La chromatine apparait, après une coloration topographique, comme un réseau irrégulier composée de régions faiblement colorées formant l'euchromatine et de régions fortement colorées formant l'hétérochromatine.

QCM 51.

VRAI A/ Les chromocentres correspondent à de l'hétérochromatine facultative

FAUX B/ Les plages d'hétérochromatine fortement colorée et dispersées dans l'espace nucléaire sont appelées « chromomère »

FAUX C/ La chromatine sexuelle correspond à de l'hétérochromatine constitutive

FAUX D/ Le corps de Barr est observé dans 40% des noyaux des cellules des mâles

FAUX E/ Aucune des réponses ci-dessus n'est exacte

Les plages d'hétérochromatine fortement colorée et dispersées dans l'espace nucléaire sont appelées « chromocentres ».
La chromatine sexuelle ou corps de Barr correspond à de l'hétérochromatine facultative, observée dans 60% des noyaux des cellules des femelles.

QCM 52.

En microscopie électronique

FAUX A/ La chromatine trabéculaire observée en microscopie électronique correspond aux chromomères observés en microscopie photonique

VRAI B/ La chromatine trabéculaire correspond à des plages d'hétérochromatine facultative dispersées dans l'espace nucléaire

FAUX C/ L'hétérochromatine dense constitutive est uniquement localisée à la périphérie du noyau

VRAI D/ L'euchromatine est une chromatine dispersée formant un réseau diffus, peu dense aux électrons

FAUX E/ Aucune des réponses ci-dessus n'est exacte

La chromatine trabéculaire observée en microscopie électronique correspond aux chromocentres observés en microscopie photonique.
L'hétérochromatine dense constitutive est localisée à la périphérie du noyau et également associée au nucléole.

QCM 53.

FAUX A/ L'hétérochromatine trabéculaire est constituée d'un mélange de fibres A et de fibres B
FAUX B/ les fibres chromatiniennes de type B, constitutives de la chromatine dense constitutive, ont un diamètre 20 nm
VRAI C/ La chromatine dense facultative est composée de fibres chromatiniennes de type B
VRAI D/ L'euchromatine est composée de fibres A d'un diamètre de 10 nm
FAUX E/ Aucune des réponses ci-dessus n'est exacte

L'hétérochromatine trabéculaire est constituée de fibres B.
Les fibres chromatiniennes de type B, constitutives de la chromatine dense constitutive, ont un diamètre de 25 à 30 nm.

QCM 54.

FAUX A/ Les centromères forment une partie de la chromatine trabéculaire
FAUX B/ Les fibres chromatiniennes sont distribuées et organisées de manière aléatoire dans l'espace nucléaire
VRAI C/ Les télomères correspondent aux extrémités des fibres chromatiniennes et correspondent à de la chromatine dense constitutive
VRAI D/ Les télomères sont souvent rassemblés à un pôle du noyau, associés à la lamina, et forment une partie de l'hétérochromatine périphérique
FAUX E/ Aucune des réponses ci-dessus n'est exacte

Les centromères forment une partie de l'hétérochromatine dense constitutive. Les fibres chromatiniennes ne sont pas distribuées et organisées de manière aléatoire dans l'espace nucléaire : leur structure et leur localisation reflète leur activité fonctionnelle.

QCM 55.

VRAI A/ En abaissant la force ionique in vitro, on entraine un passage des fibres B aux fibres A puis à une structure dite « en collier de perle » composée d'une succession de nucleosomes séparés par des liens internucléosomiques
FAUX B/ Les granules périchromatiens ont un diamètre de 15 à 30 nm et sont dispersés dans l'ensemble du réseau chromatinien à l'exception du nucléole
FAUX C/ La chromatine native est composée exclusivement de fibres chromatiniennes de type B
FAUX D/ Les fibrilles périchromatiniennes sont observées en bordure des fibres chromatiniennes de type A et de type B
FAUX E/ Aucune des réponses ci-dessus n'est exacte

Les granules périchromatiens ont un diamètre de 15 à 30 nm et sont dispersés dans l'ensemble du réseau chromatinien. Ils sont particulièrement abondants au niveau du nucléole et à la périphérie du noyau, à proximité des complexes de pores.
La chromatine native est composée de fibres chromatiniennes de type A et de type B. Les fibrilles périchromatiniennes sont observées en bordure des fibres chromatiniennes de type A, exclusivement.

QCM 56.

Nucléole

VRAI A/ Le nombre de nucléoles varie en fonction de la période du cycle cellulaire

FAUX B/ le nucléole représente un état particulier de la chromatine séparé du nucléoplasme par une membrane biologique

VRAI C/ En microscopie photonique, le nucléole est caractérisé par : la pars amorpha, le nucléolonéma et la chromatine associée au nucléole

VRAI D/ L'analyse en microscopie électronique indique que le nucléolonéma est composé de trois régions, le centre fibrillaire, le composant fibrillaire dense et le composant granulaire

FAUX E/ Aucune des réponses ci-dessus n'est exacte

Le nucléole représente un état particulier de la chromatine et n'est, bien sûr, pas séparé du nucléoplasme par une membrane biologique.

QCM 57.

VRAI A/ L'hétérochromatine constitutive associée est abondante à la périphérie du nucléole et s'enfonce profondément au cœur de la structure se mêlant aux autres constituants nucléolaires

VRAI B/ Le composant fibrillaire dense, entoure le centre fibrillaire et est composé de nombreuses fibrilles épaisses de 4 à 8 nm et longues de 20 à 40 nm

FAUX C/ Le centre fibrillaire, en position la plus interne dans le nucléolonéma, correspond à de l'hétérochromatine formée de fibres peu nombreuses

FAUX D/ A la périphérie du nucléolonéma, le composant granulaire est formé par de très nombreux granules électron-denses de 150 à 200 nm de diamètre

FAUX E/ Aucune des réponses ci-dessus n'est exacte

Le centre fibrillaire, en position la plus interne dans le nucléolonéma, correspond à de l'euchromatine, formée de fibres peu nombreuses. A la périphérie du nucléolonéma, le composant granulaire est formé par de

très nombreux granules électron-denses de 150 à 200 A (15 à 20 nm) de diamètre.

QCM 58.

FAUX A/ la méthode de feulgen met en évidence les acides nucleiques au niveau du noyau

FAUX B/ Les fibrilles périchromatiniens sont des fibrilles d'ADN néosynthétisés associés à des protéines

FAUX C/ Les fibrilles du composant fibrillaire dense du nucléole sont des ARNm en cours de synthèse

VRAI D/ Les granules périchromatiniens sont des complexes ribonucléoprotéiques

FAUX E/ Aucune des réponses ci-dessus n'est exacte

La méthode de feulgen est une technique pour mettre en évidence l'ADN. Les fibrilles périchromatiniens sont des fibrilles d'ARN en cours de synthèse associés à des protéines. Les fibrilles du composant fibrillaire dense du nucléole sont des ARNr 45S en cours de synthèse.

QCM 59.

VRAI A/ Le noyau est composé d'environ 75% de protéines et de 25% d'acides nucléiques

FAUX B/ La majorité des protéines nucléaires sont des protéines basiques, les histones, pour 55%

VRAI C/ La chromatine est composée de 35% d'histones et de 25% de protéines non histones

VRAI D/ Le nucléole est composé de 5 à 15% d'ARN, essentiellement ribosomal

FAUX E/ Aucune des réponses ci-dessus n'est exacte

Les protéines nucléaires sont composées de 20% de protéines basiques, les histones, et de 55% de protéines non histones, acides et qui représentent une population hétérogène.

QCM 60.

FAUX A/ Les domaines N- et C- terminaux des histones sont hydrophobes

VRAI B/ Parmi les histones, les histones H3 et H4 sont les plus conservés

FAUX C/ Il existe deux types d'histones, les histones de liaison et les histones internucléosomiques

VRAI D/ Les histones H2A et H2B sont des histones nucléosomiques caractérisés par l'existence de plusieurs isoformes

FAUX E/ Aucune des réponses ci-dessus n'est exacte

Les domaines N- et C- terminaux des histones sont hydrophiles et très réactifs. Il existe deux types d'histones, les histones de liaison et les histones nucléosomiques.

QCM 61.

Un octamère d'histones nucléosomiques à la composition suivante :

FAUX A/ (2xH3)+(2xH4) + (H2A+H2B)

FAUX B/ 2(2xH3)+(2xH4) + 2(H2A+H2B)

VRAI C/ (2xH3)+(2xH4) + 2(H2A+H2B)

FAUX D/ (2xH3)+ 2(2xH4) + 2(H2A+H2B)

FAUX E/ Aucune des réponses ci-dessus n'est exacte

L'octamère d'histones nucléosomiques est composé d'un tétramère (2xH3)+(2xH4) auquel s'associent deux hétérodimères (H2A+H2B).

QCM 62.

VRAI A/ Le chromatosome est composé d'un octamère d'histones nucléosomiques, de 166 paires de bases et d'une molécule d'histone de liaison H1

FAUX B/ Le chromatosome est composé d'un octamère d'histones nucléosomiques, de 146 paires de bases et d'une molécule d'histone de liaison H1

VRAI C/ Le nucléosome est composé d'un octamère d'histones nucléosomiques, de 146 paires de bases

VRAI D/ Dans le chromatosome, l'histone H1 interagit avec 20 paires de bases désoxynucléotidiques et « verrouille » le nucléosome

FAUX E/ Aucune des réponses ci-dessus n'est exacte

QCM 63.

FAUX A/ La structure en « solénoïde» ou en « super-boule » est caractéristique de l'euchomatine

VRAI B/ La fibre B correspond à un état supérieur de condensation de la fibre chromatinienne

FAUX C/ L'interaction entre les histones H1 n'influence pas l'état de condensation de la fibre chromatinienne

VRAI D/ La fibre A est composée d'un empilement en colonne de chromatosomes reliés entre eux par les histones H1

FAUX E/ Aucune des réponses ci-dessus n'est exacte

La structure en « solénoïde» ou en « super-boule » est caractéristique de l'hétérochomatine : la formation des fibres B correspond à une niveau supérieur de condensation de la fibre chromatinienne.

L'interaction entre les histones H1 détermine la condensation de l'enchainement des chromatosomes reliés entre eux par les histones H1.

QCM 64.

FAUX A/ La relaxation de la fibre chromatinienne est associée à la phosphorylation des histones H1 et à l'acétylation des histones H3 et H4

VRAI B/ La méthylation des histones H3 et H4 et la méthylation de l'ADN sont associées à la condensation de la fibre chromatinienne

FAUX C/ La désacétylation des histones H3 et H4 est associée à l'euchromatine active

FAUX D/ La protéine HP1 (hétérochromatin protein 1) est une ADN méthyl-transférase

FAUX E/ Aucune des réponses ci-dessus n'est exacte

La relaxation de la fibre chromatinienne est associée à la déphosphorylation des histones H1 et à l'acétylation des histones H3 et H4.
La désacétylation des histones H3 et H4 favorise la condensation des fibres chromatiniennes.
La protéine HP1 (hétérochromatin protein 1) est impliquée dans la formation de l'hétérochromatine : elle recrute des DNTM (ADN methyl-transférase).

QCM 65.

VRAI A/ La fibre chromatinienne peut aussi être appelée chromatide

FAUX B/ Dans le noyau de la cellule humaine, le support du génome est constitué par 46 types différents de molécules d'ADN

FAUX C/ Dans la cellule eucaryote, la fibre chromatinienne est formée par une molécule d'ADN circulaire associée à des histones et des protéines non histones

VRAI D/ Une chromatide est composée d'une molécule d'ADN associée à des histones et des protéines non histones et correspond à un chromosome monochromatidien

FAUX E/ Aucune des réponses ci-dessus n'est exacte

Dans le noyau de la cellule humaine, le support du génome est constitué par 23 types différents de molécules d'ADN.

Dans la cellule eucaryote, la fibre chromatinienne est formée par une molécule d'ADN linéaire et bicaténaire, associée à des histones et des protéines non histones.

QCM 66.

VRAI A/ Le noyau d'une cellule humaine diploïde en phase G1 comporte 46 chromatides

FAUX B/ Le noyau d'une cellule humaine diploïde en phase G2 comporte 46 chromosomes monochromatidiens formant 23 groupes de 2 chromosomes monochromatidiens homologues

FAUX C/ Le noyau d'une cellule diploïde humaine en phase G1 comporte 46 chromosomes bichromatidiens

VRAI D/ Le noyau d'une cellule diploïde humaine en phase G1 est composé de 6 picogrammes d'ADN

FAUX E/ Aucune des réponses ci-dessus n'est exacte

C'est le noyau de la cellule humaine diploïde <u>en phase G1</u> qui comporte 46 chromosomes monochromatidiens formant 23 groupes de 2 chromosomes monochromatidiens homologues.

QCM 67.

FAUX A/ L'hétérochromatine facultative correspond à des domaines chromatiniens riches en séquences informatives (gènes) actives et correspond à des territoires chromosomiques R

FAUX B/ L'euchromatine correspond à des domaines chromatiniens riches en séquences informatives (gènes) actives et correspond à des territoires chromosomiques G

VRAI C/ L'hétérochromatine constitutive correspond à des domaines chromatiniens pauvres en séquences informatives (gènes)

FAUX D/ Les domaines chromatiniens riches en séquences informatives (gènes) inactives sont localisés dans la zone périphérique du noyau

FAUX E/ Aucune des réponses ci-dessus n'est exacte

L'hétérochromatine facultative correspond à des domaines chromatiniens riches en séquences informatives (gènes) <u>inactives</u> et correspond à des territoires chromosomiques R.
L'euchromatine correspond à des domaines chromatiniens riches en séquences informatives (gènes) actives et correspond à des territoires chromosomiques R.
Les domaines chromatiniens riches en séquences informatives (gènes) inactives sont localisés dans la zone centrale du noyau.

QCM 68.

VRAI A/ Dans l'autoradiographie, la pulse, permet de mettre en évidence le lieu de synthèse de la macromolécule étudiée

VRAI B/ La réplication de l'ADN peut être étudiée par autoradiographie en utilisant de la thymidine tritiée

FAUX C/ Le bromodésoxyuridine est utilisé pour mettre en évidence le phénomène de transcription

VRAI D/ La réplication de l'ADN s'effectue suivant un mode semi-conservatif

FAUX E/ Aucune des réponses ci-dessus n'est exacte

Le bromodésoxyuridine est utilisé pour mettre en évidence le phénomène de réplication de l'ADN : c'est un analogue de la thymidine que l'on peut détecter grâce à des anticorps spécifiques.

QCM 69.

FAUX A/ la réplication de l'ADN est bidirectionnelle à partir d'une origine de réplication par molécule d'ADN linéaire

VRAI B/ la réplication de l'ADN est contrôlée par un complexe multienzymatique, le réplisome

FAUX C/ La réplication de l'ADN se produit au niveau des fibres de type A comme des fibres de type B

FAUX D/ la vitesse de réplication bidirectionnelle de l'ADN est de 200 nucléotides/seconde

FAUX E/ Aucune des réponses ci-dessus n'est exacte

La réplication de l'ADN est bidirectionnelle à partir de plusieurs origines de réplication par molécule d'ADN linéaire.
La réplication de l'ADN se produit uniquement au niveau des fibres de type A.
La vitesse de réplication bidirectionnelle de l'ADN est d'environ 100 nucléotides/seconde.

QCM 70.

FAUX A/ La réplication de l'ADN cellulaire a lieu exclusivement au cours de la phase S

VRAI B/ Les fibres chromatiniennes sont elles-mêmes dupliquées lors du phénomène de réplication de l'ADN

FAUX C/ Juste avant la duplication des fibres chromatiniennes, en phase G1, il y a une forte activité de synthèse des histones

FAUX D/ La structure en nucléosomes des fibres chromatiniennes est durablement remaniée durant la phase S.

FAUX E/ Aucune des réponses ci-dessus n'est exacte

La réplication de l'ADN nucléaire a lieu exclusivement au cours de la phase S, mais pas la réplication de l'ADN mitochondrial, qui n'est pas synchrone avec la réplication de l'ADN nucléaire.
C'est en phase S, au cours de la duplication des fibres chromatiniennes, qu'il y a une forte activité de synthèse des histones.
La structure en nucléosomes des fibres chromatiniennes n'est pas durablement remaniée durant la phase S.

QCM 71.

FAUX A/ Les origines de réplication sont séparées les unes des autres par des intervalles de 3000 à 30000 paires de bases, dans le génome humain

VRAI B/ Les origines de réplication correspondent à des segments d'ADN d'environ 100 paires de bases caractérisés par une séquence consensus comportant environ 11 paires de bases riche en adénine et thymine

FAUX C/ Les origines de réplication occupent une position aléatoire dans l'espace nucléaire

VRAI D/ Il existe environ 20000 origines de réplication par génome diploïde humain

FAUX E/ Aucune des réponses ci-dessus n'est exacte

Les origines de réplication sont séparées les unes des autres par des intervalles de 30 000 à 300 000 paires de bases, dans le génome humain.
Les origines de réplication n'occupent pas une position aléatoire dans l'espace nucléaire : elles sont associées à des éléments du nucléosquelette en des points particuliers correspondants aux réplisomes.

QCM 72.

VRAI A/ Dans l'espèce humaine, la phase S est d'environ 7 heures

FAUX B/ Dans l'espèce humaine, la réplication de l'ADN dure environ 17h

FAUX C/ Toutes les origines de réplication sont activées dès le début de la phase S

VRAI D/ Au cours de la phase S, il existe 3 vagues de réplication qui rendent compte de l'état de condensation de la chromatine

FAUX E/ Aucune des réponses ci-dessus n'est exacte

Dans l'espèce humaine, la réplication de l'ADN (phase S) dure environ 7h.
Au cours de la phase S, les diverses origines de réplication sont utilisées à différents moments tout au long des 7 heures. Elles s'activent

par groupes de quelques dizaines (20 à 80) d'origines adjacentes qui appartiennent à une même unité de réplication.

QCM 73.

FAUX A/ L'histoautoradioraphie permet d'étudier le lieu de synthèse, la maturation et le devenir des ARN

VRAI B/ La transcription des gènes nucléaires se passe exclusivement au niveau du noyau

VRAI C/ La transcription se fait uniquement au niveau de l'euchromatine

FAUX D/ Les ARN sont synthétisés à partir des unités de transcription situées au niveau des fibres B

FAUX E/ Aucune des réponses ci-dessus n'est exacte

L'histoautoradioraphie permet d'étudier le lieu de synthèse (au cours du pulse) et le devenir (au cours de la chasse) des ARN, mais pas leur maturation.
Les ARN sont synthétisés à partir des unités de transcription situées au niveau des fibres A.

QCM 74.

FAUX A/ La transcription a lieu au niveau de la chromatine dispersée et au niveau du composant granulaire du nucléole

VRAI B/ Les fibrilles périchromatiniennes et celles du composant fibrillaire dense du nucléole représentent les premiers produits de la transcription (ARN naissants)

VRAI C/ Les ARN sont synthétisés durant toute l'interphase

VRAI D/ Les granules périchromatiniens sont des ARN néo-synthétisés associés à des protéines

FAUX E/ Aucune des réponses ci-dessus n'est exacte

La transcription a lieu au niveau de la chromatine dispersée et au niveau du centre fibrillaire du nucléole : au niveau de fibres A. Les fibrilles périchromatiniennes représentent les premiers produits de transcription (ARN naissants).

QCM 75.

VRAI A/ Les ARN polymérases sont des gros complexes protéiques d'environ 100 nm de diamètre

FAUX B/ L'ARN pol I est impliquée dans la transcription des gènes codant tous les ARNr

VRAI C/ L'ARN pol II est impliquée dans la transcription des gènes de structure

VRAI D/ L'ARN pol III est impliquée dans la transcription des gènes codant les ARNt

FAUX E/ Aucune des réponses ci-dessus n'est exacte

L'ARN pol I est impliquée dans la transcription des gènes codant l'ARNr 45S mais pas dans la transcription des gènes codant l'ARNr 5S.

QCM 76.

FAUX A/ Le promoteur du gène est un segment d'ADN le plus souvent en aval de la séquence transcrite

VRAI B/ Le promoteur du gène contient des éléments de réponses qui sont des sites de fixation des facteurs de transcription

FAUX C/ Le promoteur du gène est transcrit par l'ARN pol II

VRAI D/ Les enhancers et les silencers sont des éléments de régulations (ADN) éloignés du promoteur

FAUX E/ Aucune des réponses ci-dessus n'est exacte

Le promoteur du gène est un segment d'ADN le plus souvent <u>en amont</u> de la séquence transcrite.
Le promoteur du gène est une séquence non transcrite.

QCM 77.

VRAI A/ La transactivation d'un gène implique généralement des facteurs de transcription, des coactivateurs et des enzymes de remodelage de la chromatine

VRAI B/ La transactivation d'un gène implique généralement des facteurs de transcription, des coactivateurs et des histone acétyltransférases

VRAI C/ La transrépression d'un gène implique généralement des facteurs de transcription, des corepresseurs et des histone déacétylases

VRAI D/ La protéine TBP fait partie du complexe d'initialisation de la transcription

FAUX E/ Aucune des réponses ci-dessus n'est exacte

QCM 78.

VRAI A/ L'ARN transcrit à partir du brin d'ADN matriciel (informatif) est complémentaire et antiparallèle à ce brin

FAUX B/ L'ARN transcrit a une séquence polynucléotidique complémentaire à celle du brin d'ADN sens

FAUX C/ Les ARN polymérases se déplacent à une vitesse de 300 à 400 nucléotides/seconde

FAUX D/ Par convention un gène est défini par rapport au brin antisens du gène

FAUX E/ Aucune des réponses ci-dessus n'est exacte

L'ARN transcrit a une séquence polynucléotidique identique à celle du brin d'ADN sens.

Les ARN polymérases se déplacent à une vitesse de 30 à 40 nucléotides/seconde.
Par convention un gène est défini dans son ensemble par rapport au brin sens de la molécule d'ADN.

QCM 79.

FAUX A/ 75% de l'ADN nucléaire code pour des « instructions » intervenant d'une manière ou d'une autre dans la protéosynthèse

VRAI B/ L'ADN informatif représente environ 25% de l'ADN nucléaire

VRAI C/ Les gènes ubiquitaires sont toujours transcrits dans tous les types cellulaires

FAUX D/ Les gènes de luxe ne sont transcrits que dans les cellules totipotentes

FAUX E/ Aucune des réponses ci-dessus n'est exacte

75% de l'ADN nucléaire ne correspond à des « instructions » transcrites sur des molécules d'ARN et/ou participant à la protéosynthèse.
Les gènes de luxe sont transcrits dans des cellules spécialisées, différenciées.

QCM 80.

VRAI A/ Il existe 2 types de gènes à ARNr

FAUX B/ Les gènes de routine sont toujours des gènes redondants

FAUX C/ Les gènes codant des microARN sont des gènes de structure

VRAI D/ Les gènes à ARNt comme les gènes à ARNr sont des gènes redondants

FAUX E/ Aucune des réponses ci-dessus n'est exacte

Les gènes de routine ne sont pas toujours des gènes redondants : seuls ceux dont l'activité est primordiale existent en multiple copies dans le génome.
Les gènes codant des microARN ne sont des gènes de structure : ils ne codent pas pour un polypeptide.

QCM 81.

VRAI A/ Parmi les gènes tissus-spécifiques, il y a des gènes codant les microARN

FAUX B/ Les gènes de luxe non transcrits dans un type cellulaire correspondent à de l'hétérochromatine constitutive

FAUX C/ Les gènes de luxe sont transcrits dans tous les types cellulaires

FAUX D/ Tous les gènes de structure sont des gènes de luxe

FAUX E/ Aucune des réponses ci-dessus n'est exacte

Les gènes de luxe non transcrits dans un type cellulaire correspondent à de l'hétérochromatine facultative (chromatine dense trabéculaire).
Les gènes de luxe ne sont pas transcrits dans tous les types cellulaires : certains d'entre eux sont transcrits dans un type donné de cellule différenciée.
Tous les gènes de structure ne sont pas des gènes de luxe : les gènes codant les histones, par exemple, sont des gènes ubiquistes.

QCM 82.

FAUX A/ Contrairement à l'hétérochromatine constitutive, l'hétérochromatine facultative est composée de fibres chromatiniennes de type A

VRAI B/ L'hétérochromatine facultative est caractérisée par la méthylation de l'histone H3, la phosphorylation des histones H1 et H2B et un ADN fortement méthylé

FAUX C/ La méthylation de l'ADN est toujours associée à des phénomènes d'activation de la transcription

FAUX D/ Les schémas de méthylation de l'ADN sont modifiés à chaque génération cellulaire

FAUX E/ Aucune des réponses ci-dessus n'est exacte

Comme l'hétérochromatine constitutive, l'hétérochromatine facultative est composée de fibres chromatiniennes de type B. L'hétérochromatine facultative est porteuses de gènes tissu-spécifique, inactifs.
La méthylation de l'ADN est associée à des phénomènes d'inactivation de la transcription : les séquences d'ADN méthylé sont reconnues par des facteurs de transcription répresseurs.
Les schémas de méthylation de l'ADN sont transmis de génération cellulaire en génération cellulaire : il existe une « mémoire de la méthylation » qui permet de maintenir réprimé un gène sur plusieurs générations cellulaires.

QCM 83.

FAUX A/ L'ADN satellite correspond à de l'hétérochromatine facultative

VRAI B/ L'ADN satellite est composé de fibres chromatiniennes de type B

VRAI C/ L'ADN satellite est un ADN hautement méthylé

VRAI D/ L'ADN satellite est un ADN hautement répétitif

FAUX E/ Aucune des réponses ci-dessus n'est exacte

L'ADN satellite est un ADN non informatif, correspond à de l'hétérochromatine constitutive.

QCM 84.

FAUX A/ Les séquences centrosomiques et télomériques sont composées d'ADN satellite

VRAI B/ Les zones péricentromériques de certains chromosomes sont constituées d'ADN satellite

FAUX C/ L'ADN satellite télomérique est constitué de séquences répétées de 6 paires de bases AATAAA

VRAI D/ L'ADN satellite télomérique est impliqué dans l'ancrage des télomères dans la lamina

FAUX E/ Aucune des réponses ci-dessus n'est exacte

Ce sont les séquences centromériques et télomériques qui sont composées d'ADN satellite.
L'ADN satellite télomérique est constitué de séquences répétées de 6 paires de bases TTAGGG.

QCM 85.

FAUX A/ La maturation des ARNm est uniquement post-transcriptionnelle

FAUX B/ Lors de la maturation des ARNm, une coiffe de guanosine méthylée est associée à l'extrémité 3' du transcrit primaire

VRAI C/ L'adjonction d'une séquence poly A en 3' du transcrit primaire est caractéristique de la maturation des ARNm

VRAI D/ Les ARN polymérase se déplacent de 3' en 5' sur le brin d'ADN antisens

FAUX E/ Aucune des réponses ci-dessus n'est exacte

La maturation des ARNm est co-transcriptionelle et post-transcriptionnelle.
Lors de la maturation des ARNm, une coiffe de guanosine méthylée est associée à l'extrémité 5' du transcrit primaire de manière co-transcriptionnelle.

QCM 86.

FAUX A/ Au cours de la transcription d'un ARNm, une endonucléase coupe 10 à 20 nucléotides en amont d'une séquence signal AAUAAA

VRAI B/ Des complexes ribonucléoprotéiques s'associent de manière co-transcriptionnelle à l'ARNm en cours de synthèse

FAUX C/ Un ARNm est caractérisé par une coiffe de guanosine méthylée en 3' et une séquence poly A en 5'

VRAI D/ La séquence poly A et la coiffe de quanosine méthylée de l'ARNm participe à la stabilité du transcrit

FAUX E/ Aucune des réponses ci-dessus n'est exacte

Au cours de la transcription d'un ARNm, une endonucléase coupe 10 à 20 nucléotides en aval d'une séquence signal AAUAAA.
Un ARNm est caractérisé par une coiffe de guanosine méthylée en 5' et une séquence poly A en 3'.

QCM 87.

VRAI A/ Les gènes codant les ARNm ont une structure morcelée
VRAI B/ Tous les introns sont excisés au cours de la maturation de l'ARNm
FAUX C/ Tous les exons sont excisés au cours de la maturation de l'ARNm
FAUX D/ L'ARNm mature est composé de séquences exoniques entourées d'une séquence poly A en 5' et d'une coiffe de guanosine méthylée en 3'
FAUX E/ Aucune des réponses ci-dessus n'est exacte

Les exons sont épissés au cours de la maturation de l'ARNm et sont conservés dans l'ARNm mature. 60% des gènes de structure sont cependant caractérisés par un phénomène d'épissage alternatif montrant des schémas d'épissage différents à partir d'un même pré-ARNm.
L'ARNm mature est composé de séquences exoniques entourées d'une séquence poly A en 3' et d'une coiffe de guanosine méthylée en 5'.

QCM 88.

FAUX A/ La fonction du splicéosome est d'épisser les introns et d'exciser les exons
VRAI B/ Les snurps sont des complexes ribonucléoprotéiques d'un diamètre d'environ 10 nm
FAUX C/ Le splicéosome est composé de 5 snurps : U1, U2, U3, U4 et U5
VRAI D/ Un snurps est composé d'un petit ARN riche en uridines et d'une dizaine de protéines
FAUX E/ Aucune des réponses ci-dessus n'est exacte

La fonction du splicéosome est d'exciser les introns et d'épisser les exons. Le splicéosome est composé de 5 snurps : U1, U2, U4, U5 et U6.

QCM 89.

VRAI A/ Un centre fibrillaire correspond à un organisateur nucléolaire
FAUX B/ L'organisateur nucléolaire est une portion de fibre chromatinienne de type A portant 20 copies du gène à ARNr 45S
VRAI C/ Les molécules d'ARNr 45S naissant forment les fibrilles du composant fibrillaire dense
FAUX D/ L'ARN polymérase de type III transcrit le gène à ARNr 45S
FAUX E/ Aucune des réponses ci-dessus n'est exacte

L'organisateur nucléolaire est une portion de fibre chromatinienne de type A portant 40 copies du gène à ARNr 45S.
L'ARN polymérase de type I transcrit le gène à ARNr 45S.

QCM 90.

VRAI A/ Les chromosomes humains 13, 14, 15, 21 et 22 sont porteurs d'un organisateur nucléolaire

FAUX B/ Par stock diploïde de chromosomes humains, 5 sont porteur d'un organisateur nucléolaire

VRAI C/ Tous les organisateurs nucléolaires sont regroupés dans la même région du noyau

VRAI D/ Le stock diploïde de chromosomes humains comporte 400 gènes à ARNr 45S

FAUX E/ Aucune des réponses ci-dessus n'est exacte

Par stock diploïde de chromosomes humains, 10 sont porteurs d'un organisateur nucléolaire.

QCM 91.

FAUX A/ Des protéines et de l'ARNr 5,8S s'associent à l'ARNr 45S naissant**VRAI** B/ Le gros nucléole observé en fin de phase G1 est le résultat d'une activité transcriptionelle importante au niveau des organisateurs nucléolaires

VRAI C/ L'ARNr 5S n'est pas transcrit au niveau du nucléole

VRAI D/ Les structures en arbre de noël sont caractéristiques des gènes à ARNr 45S en cours de transcription

FAUX E/ Aucune des réponses ci-dessus n'est exacte

Des protéines et de l'ARNr 5S s'associent à l'ARNr 45S naissant.

QCM 92.

VRAI A/ La maturation de l'ARNr 45S par des clivages et des retraits de séquences nucléotidiques

FAUX B/ La maturation de l'ARNr 45S est caractérisée par des phénomènes excision-épissage

FAUX C/ La maturation de l'ARNr 45S conduit à 3 ARNr : l'ARNr 28S, l'ARNr 18S et l'ARNr 5S

FAUX D/ Le snurps U2 est impliqué dans la maturation des ARNr 45S

FAUX E/ Aucune des réponses ci-dessus n'est exacte

Les phénomènes excision-épissage ne concernent que la maturation des ARNm. La maturation de l'ARNr 45S conduit à 3 ARNr : l'ARNr 28S, l'ARNr 18S et l'ARNr 5,8S.Le snurps U3 est impliqué dans la maturation des ARNr 45S.

QCM 93.

VRAI A/ La maturation des ARNt est caractérisée par l'ajout d'une séquence CCA 3' terminale

VRAI B/ La grande sous-unité ribosomale est formée de 49 polypeptides, l'ARNr 28S, l'ARNr 5,8S et l'ARNr 5S

VRAI C/ L'ARNr 5S est codé par le chromosome 1 chez l'homme

FAUX D/ La petite sous-unité ribosomale à un coefficient de sédimentation de 60S

FAUX E/ Aucune des réponses ci-dessus n'est exacte

La petite sous-unité ribosomale à un coefficient de sédimentation de 40S.

QCM 94.

VRAI A/ Le complexe de pore est caractérisé par un canal de libre diffusion et un canal de transport actif

VRAI B/ Le diamètre du central peut varier de de 10 à 30 nm

VRAI C/ Les complexes de pores s'organisent suivant une symétrie octogonale

VRAI D/ les nucléoporines sont les protéines constitutives du complexe de pore

FAUX E/ Aucune des réponses ci-dessus n'est exacte

QCM 95.

FAUX A/ Les huit canaux périphériques de libre diffusion permettent le transport des molécules ayant une masse supérieure à 40 000 Da

VRAI B/ Le canal central est impliqué dans un transport sélectif qui nécessite de l'énergie

VRAI C/ Le canal central permet le passage de molécules ayant un diamètre inférieur à 30 nm

FAUX D/ Le canal central permet la sortie des ribosomes en direction du cytoplasme

FAUX E/ Aucune des réponses ci-dessus n'est exacte

Les huit canaux périphériques de libre diffusion permettent le transport des molécules ayant une masse inférieure à 40 000 Da.
Le canal central permet la sortie des pré-ribosomes : la petite (150 A de diamètre) et la grande (250 A de diamètre) sous-unités ribosomales, en direction du cytoplasme.

QCM 96.

FAUX A/ Les protéines importées dans le noyau sont porteuses d'une séquence de localisation nucléaire (SNL) composée de 4 à 6 acides aminés riches en leucine et en phénylalanine

VRAI B/ La SNL est reconnue par des récepteurs d'importation appelés importines

FAUX C/ La GTPase Rab contrôle le transport bidirectionnel à travers le complexe de pore nucléaire

VRAI D/ Les nucléoporines forment des fibrilles qui contiennent des courtes répétitions de phénylalanine et de glycine (répétitions FG) qui servent de site de liaison aux récepteurs d'importation

FAUX E/ Aucune des réponses ci-dessus n'est exacte

Les protéines importées dans le noyau sont porteuses d'une séquence de localisation nucléaire (SNL) composée de 4 à 6 acides aminés riches en lysine et en arginine.
La GTPase Ran contrôle le transport bidirectionnel à travers le complexe de pore nucléaire.

QCM 97.

VRAI A/ C'est le gradient des deux conformations de la GTPase Ran qui est responsable du transport nucléaire dans la bonne direction

VRAI B/ Dans la plupart des cas, les ARN passent à travers le pore nucléaire sous forment de ribonucléoprotéines (RNP)

VRAI C/ L'élément protéique de la RNP possède des séquences d'acides aminés, appelées signaux d'exportation nucléaire (SEN) reconnues par des récepteurs d'exportation appelés exportines

FAUX D/ Les pré-ribosomes quittent le noyau par l'intermédiaire du canal de libre diffusion du complexe de pore

FAUX E/ Aucune des réponses ci-dessus n'est exacte

Les pré-ribosomes quittent le noyau par l'intermédiaire du canal central (diffusion active) du complexe de pore.

Chapitre 5 – Système membranaire intracellulaire – Corrigés

♦ *REG-REL-Appareil de Golgi*

QCM 98.

VRAI A/ Dans les acini pancréatique, les grains de zymogènes sont des vésicules de sécrétion

FAUX B/ Les grains de zymogènes contiennent des enzymes digestives

VRAI C/ Les grains de zymogènes contiennent du trypsinogène et du chymotrypsinogène

FAUX D/ L'acinus pancréatique est composé d'une cellule acineuse

FAUX E/ Aucune des réponses ci-dessus n'est exacte

Les grains de zymogènes contiennent des précurseurs d'enzymes digestives.
L'acinus pancréatique est une formation sphérique dans laquelle des cellules sécrétrices s'assemblent autour d'une cavité où se déverse les produits de la sécrétion.

QCM 99.

VRAI A/ L'ergastoplasme correspond au réticulum endoplasmique

FAUX B/ L'ergastoplasme correspond à des formations basophiles en microscopie électronique

VRAI C/ L'ergastoplasme a une localisation principalement basale dans la cellule acineuse pancréatique

VRAI D/ La notion d'ergastoplasme est associée à la notion d'activité sécrétoire

FAUX E/ Aucune des réponses ci-dessus n'est exacte

L'ergastoplasme correspond à des formations basophiles en microscopie photonique : les colorants topographiques, aqueux, ne sont, bien sûr, utilisés qu'en microscopie optique.

QCM 100.

VRAI A/ Des polysomes sont associés à la face hyaloplasmique du REG

FAUX B/ Le réticulum endoplasmique est un réseau de membranes biologiques (75- 80 A) délimitant des cavités ou citernes

FAUX C/ Les polysomes sont toujours associés aux membranes du réticulum endoplasmique granulaire

VRAI D/ Les membranes du REG sont en continuité avec la membrane externe de l'enveloppe nucléaire

FAUX E/ Aucune des réponses ci-dessus n'est exacte

Le réticulum endoplasmique est un réseau de membranes biologiques, dont l'épaisseur est voisine de 60 A à 65 A, délimitant des cavités ou citernes.
Les polysomes sont, soit associés aux membranes du réticulum endoplasmique granulaire, soit libres dans le hyaloplasme, associés à des éléments du cytosquelette.

QCM 101.

FAUX A/ Le réticulum endoplasmique lisse (REL) est toujours plus développé que le REG

VRAI B/ En microscopie optique, l'appareil de Golgi apparait sous forme de structures argyrophiles

FAUX C/ Les dictyosomes golgiens sont composés d'un empilement de saccules visibles en microscopie optique

VRAI D/ Les dictyosomes golgiens sont composés de cinq compartiments fonctionnels

FAUX E/ Aucune des réponses ci-dessus n'est exacte

Le réticulum endoplasmique lisse (REL) est toujours <u>moins</u> développé que le REG : dans une cellule acineuse pancréatique, le RE représente 60% des membranes biologiques, avec 59% pour le REG et seulement 1% pour le REL Dans un hépatocyte, le RE représente 50% des membranes biologiques, avec 35% pour le REG et seulement 15% pour le REL.
Les dictyosomes golgiens sont composés d'un empilement de saccules visibles en microscopie <u>électronique</u>. La résolution du microscope optique ne permet pas de visualiser les saccules golgiens.
Les dictyosomes golgiens sont composés de cinq compartiments fonctionnels : le réseau Cis golgien, les compartiments Cis, médian et Trans, et le réseau Trans golgien.

QCM 102.

FAUX A/ Au niveau du dictyosome, la face cis est la face de maturation et la face trans, la face de formation

VRAI B/ Les différents saccules du dictyosome sont reliés entre eux par des vésicules et des canalicules latéraux

VRAI C/ Les membranes du REG sont en continuité avec les saccules cis Golgien par l'intermédiaire des vésicules de transition

VRAI D/ Les cavités des saccules golgiens sont limitées par des membranes biologiques d'une épaisseur de 50-75 A

FAUX E/ Aucune des réponses ci-dessus n'est exacte

Au niveau du dictyosome, la face cis est la <u>face de formation</u> et la face trans, la <u>face de maturation.</u>

QCM 103.

VRAI A/ Les NANA transférases sont détectées au niveau du compartiment trans golgien

FAUX B/ L'analyse in situ ne permet pas d'avoir des informations sur la composition chimique du Golgi

FAUX C/ Les GlcNAc transférases sont détectées au niveau du compartiment cis golgien

FAUX D/ Les mannosidases sont détectées uniquement au niveau du compartiment cis golgien

FAUX E/ Aucune des réponses ci-dessus n'est exacte

L'analyse in situ, et en particulier l'immuno-histologie, permet d'avoir des informations sur la composition chimique du Golgi et démontre clairement l'existence de nettes différences biochimiques entre les saccules cis, médians et trans.
Les GlcNAc transférases sont détectées au niveau du compartiment médian golgien.
Les mannosidases sont détectées au niveau du compartiment cis et du compartiment médian golgiens.

QCM 104.

FAUX A/ Une fraction microsomes rugueux peut être purifiée par une succession de centrifugations différentielles simples

VRAI B/ La fraction microsomes rugueux obtenue lors d'un fractionnement cellulaire correspond à une fraction «membranes du REG »

FAUX C/ La fraction « vésicules lisses » obtenue lors d'un fractionnement cellulaire correspond à une fraction membranaire associée à des ribosomes

FAUX D/ La centrifugation isopycnique permet la séparation d'organites cellulaires ou de molécules en fonction de leur masse

FAUX E/ Aucune des réponses ci-dessus n'est exacte

Une fraction microsomes rugueux ne peut pas être purifiée uniquement par une succession de centrifugations différentielles simples : il faut avoir recours à une centrifugation sur gradient de saccharose.
La fraction « vésicules lisses » obtenue lors d'un fractionnement cellulaire contient des agrégats de membranes de dictyosomes du Golgi.
La centrifugation isopycnique permet la séparation d'organites cellulaires ou de molécules en fonction de leur densité.

QCM 105.

FAUX A/ A partir d'une fraction « microsomes rugueux », la fraction «membranes» est plus riche en lipides qu'en protéines
VRAI B/ La fraction «membranes» purifiée à partir de microsomes rugueux présente une asymétrie dans la répartition des protéines
FAUX C/ Les membranes du REL sont plus riches en protéines que les membranes du REG
VRAI D/ Les membranes du REL présentent de nombreuses enzymes de détoxification
FAUX E/ Aucune des réponses ci-dessus n'est exacte

A partir d'une fraction «microsomes rugueux», la fraction «membranes» n'est pas plus riche en lipides qu'en protéines : en effet, les lipides représentent 30 à 35% alors que les protéines représentent 65 à 70%.
La fraction «membranes» purifiée à partir de microsomes rugueux présente une asymétrie dans la répartition des protéines : le cytochrome b5, par exemple, impliqué dans la désaturation des acides gras, se situe sur la face hyaloplasmique de la membrane du REG.
Les membranes du REL sont moins riches en protéines que les membranes du REG : on y trouve cependant de nombreuses enzymes du métabolisme lipidique ainsi que de nombreuses enzymes de détoxification.

QCM 106.

VRAI A/ Les membranes des saccules golgiens contiennent environ 50% de protéines et 50% de lipides
VRAI B/ Le REG et l'appareil de Golgi sont des supports architecturaux important de la cellule
FAUX C/ Toutes les protéines sont synthétisées au niveau du REG
FAUX D/ La glycosylation N-liée se déroule exclusivement au niveau du Golgi
FAUX E/ Aucune des réponses ci-dessus n'est exacte

Toutes les protéines ne sont pas synthétisées au niveau du REG : certaines protéines sont synthétisées au niveau de polysomes libres dans le hyaloplasme (ou associés à des éléments du cytosquelette).
La glycosylation N-liée commence toujours dans le REG et se poursuit au niveau du Golgi.

QCM 107.

FAUX A/ Le déplacement du ribosome sur l'ARNm se fait de 3' en 5'
FAUX B/ Les ARNr sont traduits au niveau des polysomes libres
VRAI C/Les ARNt amènent l'acide aminé au complexe ribosome/ARNm
FAUX D/La structure en « feuille de trèfle » de l'ARNt est le résultat de l'association de l'ARNt avec avec l'ARNm
FAUX E/ Aucune des réponses ci-dessus n'est exacte

Le déplacement du ribosome sur l'ARNm se fait de 5' en 3'.
Les ARNr ne sont pas traduits : ils ne codent pas pour des polypeptides.
La structure en « feuille de trèfle » de l'ARNt est le résultat d'un reploiement de la molécule sur elle-même en raison d'interactions entre des séquences complémentaires.

Protéines sécrétées

QCM 108.

FAUX A/ Les protéines sécrétées sont synthétisées sur la face cisternaire des membranes du REG
FAUX B/ Après leur synthèse, les protéines sécrétées sont transférées dans le compartiment lysosomal
FAUX C/ Après leur synthèse, les protéines sécrétées sont transférées du REG au REL
FAUX D/ Les vésicules de sécrétion bourgeonnent à partir de la face cis des dictyosomes golgiens
VRAI E/ Aucune des réponses ci-dessus n'est exacte

Les protéines sécrétées sont synthétisées au niveau de polysomes, sur la face haloplasmique des membranes du REG.
Après leur synthèse, les protéines sécrétées sont transférées dans les citernes du REG puis dans les saccules golgiens avant d'être sécrétées hors de la cellule. A aucun moment, les protéines sécrétées ne sont transférées dans le compartiment lysosomal.
Après leur synthèse, les protéines sécrétées ne sont pas transférées du REG au REL. Le REL est le lieu du métabolisme lipidique.
Les vésicules de sécrétion bourgeonnent à partir de la face trans des dictyosomes golgiens.

QCM 109.

VRAI A/ Les ARNm codant des protéines de sécrétion possèdent en aval du codon d'initiation, une séquence spécifique de 10 à 30 codons codant des acides aminés hydrophobes
FAUX B/ Au début de la traduction, le complexe ARNm-ribosome est associé à la membrane du REG
FAUX C/ Les 10 à 30 acides aminés traduits initialement constituent la particule de reconnaissance du signal
VRAI D/ En début de traduction, la séquence peptidique signal reste enfouie dans le ribosome
FAUX E/ Aucune des réponses ci-dessus n'est exacte

Au début de la traduction, le complexe ARNm-ribosome se situe dans le hyaloplasme, il n'est pas associé à la membrane du REG.
Les 10 à 30 acides aminés traduits initialement, et majoritairement hydrophobes, constituent la séquence peptidique signal.

QCM 110.

FAUX A/ L'ARN de la particule de reconnaissance du signal (PRS) est traduit au niveau des polysomes libres

VRAI B/ La particule de reconnaissance du signal est composée de 6 polypeptides et d'un petit ARN

VRAI C/ L'ARN de la PRS présente plusieurs appariements de séquences complémentaires

FAUX D/ La PRS est un complexe désoxyribonucléoprotéique

FAUX E/ Aucune des réponses ci-dessus n'est exacte

L'ARN de la particule de reconnaissance du signal (PRS) est un petit ARN de 300 nucléotides, qui ne code pas pour un polypeptide et qui n'est donc pas traduit. La PRS est un complexe ribonucléoprotéique.

QCM 111.

VRAI A/ L'interaction PRS-séquence peptidique signal détermine le devenir (hyaloplasmique ou endomembranaire) de la protéine synthétisée

FAUX B/ Le complexe Sec 61 est un récepteur hyaloplasmique à la PRS

VRAI C/ La liaison PRS-séquence peptidique signal bloque temporairement la traduction

VRAI D/ La PRS sert d'étiquette permettant au complexe PRS-ribosome-polypeptide naissant de s'unir spécifiquement sur la face hyaloplamique du RE

FAUX E/ Aucune des réponses ci-dessus n'est exacte

Le complexe Sec 61 ne correspond pas au récepteur à la PRS, c'est un complexe protéique d'ancrage et de translocation, un translocon, permettant la fixation du ribosome sur la face hyaloplasmique de la membrane du REG et la translocation du polypeptide naissant dans les citernes du REG.

QCM 112.

VRAI A/ Le complexe Sec 61 est un complexe membranaire d'encrage et de translocation

VRAI B/ La liaison du complexe PRS-ribosome-polypeptide naissant à la membrane du RE implique au moins 2 interactions : l'une entre la PRS et le récepteur à la PRS et l'autre entre le ribosome et le complexe Sec 61

FAUX C/ Le complexe Sec 61 est composé de trois protéines transmembranaires

FAUX D/ Le récepteur à la PRS fait partie du complexe Sec 61

FAUX E/ Aucune des réponses ci-dessus n'est exacte

Le complexe Sec 61 est composé de trois ou quatre complexes protéiques, chacun étant composé de trois protéines trans-membranaires. Le récepteur à la PRS ne fait pas partie du complexe Sec 61, du translocon.

QCM 113.

FAUX A/ Le ribosome est ancré à la membrane du RE par des interactions entre sa petite sous unité et le translocon

FAUX B/ La séquence peptidique signal n'est reconnue que par la PRS

VRAI C/ Une fois le ribosome ancrée à la membrane du RE, la PRS se décroche de la séquence peptidique signal et la traduction reprend

VRAI D/ Libérée de la PRS, la séquence peptidique signal s'enfonce dans la membrane du REG à travers le translocon qui forme un canal de translocation.

FAUX E/ Aucune des réponses ci-dessus n'est exacte

Le ribosome est ancré à la membrane du RE par des interactions entre sa grande sous unité et le translocon.
La séquence peptidique signal est reconnue deux fois, d'abord par la PRS hyaloplasmique, puis par un site de liaison interne au translocon. C'est un mécanisme de contrôle permettant de s'assurer que seules les bonnes protéines entrent dans la lumière du RE.

QCM 114.

FAUX A/ La translocation des protéines dans les citernes du REG est cotraductionnelle comme celle des protéines dans la mitochondrie

VRAI B/ Plusieurs étapes de la synthèse des protéines de sécrétion sont contrôlées par les protéines G et le GTP

VRAI C/ La PRS comme le récepteur à la PRS possèdent une protéineG

FAUX D/ L'hydrolyse du GTP associé au récepteur à la PRS entraine la fermeture du transclocon

FAUX E/ Aucune des réponses ci-dessus n'est exacte

La translocation des protéines dans les citernes du REG est cotraductionnelle, ce qui n'est pas le cas pour protéines destinées à la mitochondrie : celles-ci sont synthétisées au niveau des polysomes libres dans le hyaloplasme puis transloquées dans un deuxième temps en direction du chondriome.
L'hydrolyse du GTP associé au récepteur à la PRS et à la PRS conduit à la dissociation du complexe PRS-récepteur, et libère la PRS dans le hyaloplasme.

QCM 115.

FAUX A/ Lorsque tout le polypeptide est transloqué dans la citerne du REG, la séquence peptidique signal est excisée par une endonucléase membranaire

VRAI B/ Les protéines BIP (Binding Proteins) impliquées dans l'acquisition de la conformation tridimensionnelle du polypeptide en cours de translocation dans la citerne du REG font partie de la famille Hsp 70

FAUX C/ Comme au niveau hyaloplasmique, des isomérases (PDI), catalysent la formation de liaisons disulfure au niveau du polypeptide néo-synthétisé dans la citerne du REG

VRAI D/ Dans la citerne du REG, le polypeptide naissant est pris en charge par des protéines chaperons qui assurent son reploiement correct

FAUX E/ Aucune des réponses ci-dessus n'est exacte

Lorsque tout le polypeptide est transloqué dans la citerne du REG, la séquence peptidique signal est excisée par <u>une endopeptidase</u> membranaire dont le site actif est situé sur la face interne de la membrane du REG, près du translocon.
Les isomérases (PDI), catalysent la formation de liaisons disulfure au niveau du polypeptide néo-synthétisé dans la citerne du REG. Les liaisons disulfure, favorisées par le milieu oxydant des citernes du REG, ne se forment pas au niveau des polypeptides hyaloplasmiques.

QCM 116.

FAUX A/ Un polypeptide correctement reployé dans la citerne du REG peut repasser dans le hyaloplasme grâce au translocon

FAUX B/ Les protéines résidentes sont caractérisées par un signal de rétention C-terminal, la séquence KKEK

VRAI C/ Dans le REG, seuls les polypeptides convenablement reployés sont libérés des BIP et expédiés vers les dictyosomes

FAUX D/ Les polypeptides n'ayant pas atteint leur reploiement correct dans la citerne du REG sont exportés du REG vers le cytosol ou elles sont dégradées par les lysosomes

FAUX E/ Aucune des réponses ci-dessus n'est exacte

Ce sont les polypeptides qui n'ont pas été correctement reployés (plus de 80% pour certaines protéines) dans la citerne du REG, qui sont à nouveau exportées du RE vers le hyaloplasme, grâce au translocon, pour y être dégradées. Le retour vers le hyaloplasme d'un polypeptide qui a acquis un reploiement correct est exclu.
Les protéines résidentes sont caractérisées par un signal de rétention C-terminal, la séquence KDEL.
Les polypeptides n'ayant pas atteint leur reploiement correct dans la citerne du REG sont exportés du REG vers le cytosol ou elles sont dégradées par le protéasome.

Protéines membranaires

QCM 117.

FAUX A/ Les protéines membranaires intrinsèques sont synthétisées au niveau des polysomes libres dans le hyaloplasme
FAUX B/ Les protéines transmembranaires possèdent une séquence d'initiation du transfert toujours située dans la région N-terminale du polypeptide naissant
FAUX C/ Pour une protéine transmembranaire, les séquences de traversée de la bicouche lipidique sont généralement des feuilletsβ
VRAI D/ Les protéines transmembranaires possèdent une ou plusieurs séquences peptidiques signal d'arrêt du transfert
FAUX E/ Aucune des réponses ci-dessus n'est exacte
Les protéines membranaires intrinsèques sont synthétisées au niveau des polysomes associés à la membrane du REG.
Les protéines transmembranaires possèdent une séquence d'initiation du transfert qui peut être située dans la région N-terminale du polypeptide naissant ou en aval de la région N-terminale.
Pour une protéine transmembranaire, les séquences de traversée de la bicouche lipidique sont le plus souvent des hélices α.

QCM 118.

FAUX A/ Les protéines extrinsèques situées sur la face hyaloplasmique du REG sont synthétisées comme les protéines de sécrétion
FAUX B/ Les protéines extrinsèques situées sur la face cisternaire de la membrane du REG sont synthétisées par des polysomes libres hyaloplasmiques
FAUX C/ Les protéines intrinsèques fortement liées à la face cisternaire du REG sont liées de façon covalente par prénylation à la bicouche lipidique
FAUX D/ Les protéines intrinsèques fortement liées à la face hyaloplasmique du REG sont liées de façon covalente par une ancre GPI à la bicouche lipidique
VRAI E/ Aucune des réponses ci-dessus n'est exacte

Les protéines extrinsèques situées sur la face hyaloplasmique du REG sont synthétisées au niveau des polysomes libres dans le hyaloplasme. Elles ne sont pas synthétisées, comme les protéines de sécrétion, au niveau les polysomes associés à la membrane du REG.
Les protéines extrinsèques situées sur la face cisternaire de la membrane du REG sont synthétisées par des polysomes associés à la membrane du REG : elles possèdent une séquence d'initiation du transfert.
Les protéines intrinsèques fortement liées à la face cisternaire du REG sont liées de façon covalente par une ancre GPI à la bicouche lipidique
Les protéines intrinsèques fortement liées à la face hyaloplasmique du REG sont liées de façon covalente par prénylation, palmitylation ou myristilation à la bicouche lipidique.

Glycosylation des protéines

QCM 119.

VRAI A/ Les oligosaccharide O-lié sont fixé sur le OH latéral d'une sérine ou d'une thréonine

FAUX B/ Les oligosaccharides N-lié ont un précurseur commun de 14 résidus qui est fixé au polypeptide dans le REG sur le NH2 latéral d'une asparagine dans une séquence Asn-X-Thr/Ser ou X peut être tout résidu sauf une valine

FAUX C/ Le dolichol est un glycolipide membranaire

VRAI D/ Le précurseur commun au oligosaccharide N-lié subit des retraits de résidus au niveau des citernes du REG

FAUX E/ Aucune des réponses ci-dessus n'est exacte

Les oligosaccharides N-lié ont un précurseur commun de 14 résidus qui est fixé au polypeptide dans le REG sur le NH2 latéral d'une asparagine dans une séquence Asn-X-Thr/Ser ou X peut être tout résidu sauf une proline. Le dolichol est un gros lipide transmembranaire insaturé de 75 à 95 atomes de carbones.

QCM 120.

FAUX A/ La calnexine est une protéine chaperon ancrée sur la face hyaloplasmique de la membrane du REG

VRAI B/ Les cycles d'addition et d'excision de glucoses au niveau de l'oligosaccharide N-lié dans le REG participe au contrôle de l'exportation de la glycoprotéine correctement reployée vers le golgi

VRAI C/ La calréticuline est une protéine chaperon impliquée dans le reploiement des glycoprotéines dans le REG

VRAI D/ Seules les glycoprotéines correctement reployées quittent le REG pour le Golgi

FAUX E/ Aucune des réponses ci-dessus n'est exacte

La calnexine (ou la calréticuline) est une protéine chaperon ancrée sur la face cisternaire de la membrane du REG. Toutes les glycoprotéines dont l'oligosaccharide ne contient plus qu'une seule molécule de glucose s'unissent à cette protéine chaperon.

QCM 121.

FAUX A/ La glycosylation des protéines est un phénomène cotraductionelle

VRAI B/ Dans les saccules golgiens, l'oligosaccharide N-lié subit un retrait séquentiel de plusieurs résidus osidiques

VRAI C/ On observe deux classes majeurs d'oligosaccharides N-liés

FAUX D/ Les oligosaccharides mannoses sont caractérisés par le retrait des quelques résidus mannose dans les saccules cis golgien et l'ajout de résidus galactose

FAUX E/ Aucune des réponses ci-dessus n'est exacte

La glycosylation des protéines est un phénomène cotraductionelle dans le cas d'ajout d'oligosaccharides N-liés (au niveau des citernes du REG) mais pas dans le cas d'ajout d'oligosaccharides O-liés (au niveau du Golgi).
Les oligosaccharides mannoses sont caractérisés par le retrait de quelques résidus mannose dans les saccules golgiens cis (2 au minimum, 5 au maximum) et aucun autre ose nouveau n'est ajouté.

QCM 122.

VRAI A/ La glycosylation d'un polypeptide peut être tissu-dépendante

FAUX B/ On ne peut pas trouver des oligosaccharides N-liés et de oligosaccharides O-liés associés au même polypeptide

VRAI C/ La glycosylation rend les polypeptides plus résistants à la protéolyse

VRAI D/ Un même polypeptide peut être glycosylé par plusieurs oligosaccharides

FAUX E/ Aucune des réponses ci-dessus n'est exacte

On peut trouver des oligosaccharides N-liés et de oligosaccharides O-liés associés au même polypeptide.

♦ *Trafic cellulaire*

QCM 123.

VRAI A/ Les vésicules qui bourgeonnent à partir du REG et des saccules du dictyosome sont recouvertes d'un manteau protéique

VRAI B/ Les vésicules mantelées de coatomères Cop I font la navette entre les saccules du dictyosome

FAUX C/ Les vésicules mantelées de coatomères Cop II vont du REG vers les saccules cis du dictyosome ou correspondent à des vésicules de sécrétion contrôlée

FAUX D/ Les coatomères de type Cop II associent 6 types différents de polypeptides

FAUX E/ Aucune des réponses ci-dessus n'est exacte

Les vésicules qui bourgeonnent à partir du REG et des saccules du dictyosome sont recouvertes d'un manteau protéique, de coatomères ou de clathrines.
Les vésicules mantelées de coatomères Cop II vont du REG vers les saccules cis du dictyosome. Elles ne correspondent pas à des vésicules de sécrétion contrôlée.
Les coatomères de type Cop II associent 7 types différents de polypeptides.

QCM 124.

FAUX A/ La GTPase ARF est impliquée dans le bourgeonnement des vésicules mantelées de coatomères Cop II

FAUX B/ Le manteau de coatomères implique un contenu vésiculaire très spécifique

VRAI C/ La formation des vésicules mantelées de coatomères implique une GTPase

FAUX D/ ARF-GDP se fixe à la membrane et déclenche l'assemblage du manteau de coatomères Cop I

FAUX E/ Aucune des réponses ci-dessus n'est exacte

La GTPase ARF est impliquée dans le bourgeonnement des vésicules mantelées de coatomères Cop I (et non Cop II).
Le manteau de coatomères implique un contenu vésiculaire très peu spécifique.
C'est ARF-GTP qui se fixe à la membrane et déclenche l'assemblage du manteau de coatomères Cop I.

QCM 125.

VRAI A/ Les vésicules mantelées de clathrine assurent des transports spécifiques

FAUX B/ Le manteau de clathrine forme un réseau polyédrique associé à des récepteurs transmembranaires

VRAI C/ Les adaptines se lient à la fois aux triskelions de clathrine et aux récepteurs transmembranaires liés aux substrats

VRAI D/ La clathrine associée 3 chaines lourdes et trois chaines légères dans une structure appelée triskélion

FAUX E/ Aucune des réponses ci-dessus n'est exacte

Le manteau de clathrine forme un réseau polyédrique associé à des adaptines, qui se lient à des récepteurs transmembranaires. La clathrine ne se lie pas directement aux récepteurs transmembranaires.

QCM 126.

VRAI A/ Il existe plusieurs types d'adaptines assurant différentes étapes du transport vésiculaire

FAUX B/ Toutes les vésicules d'internalisation qui bourgeonnent de la membrane plasmique sont mantelées de clathrine

FAUX C/ L'adaptine AP1 est impliquée dans l'internalisation de vésicules bourgeonnant de la membrane plasmique

VRAI D/ L'adaptine AP3 participe au trafic vésiculaire du réseau trans-golgien vers les lysosomes

FAUX E/ Aucune des réponses ci-dessus n'est exacte

Toutes les vésicules d'internalisation qui bourgeonnent de la membrane plasmique <u>ne sont pas</u> mantelées de clathrine : certaines peuvent être recouvertes de cavéoline. Il existe aussi des vésicules non tapissées.
C'est l'adaptine <u>AP2</u> qui est impliquée dans l'internalisation de vésicules bourgeonnant de la membrane plasmique.

QCM 127.

VRAI A/ L'activité ATPasique de la protéine NSF permet de désorganiser les interactions SNARE-v/SNARE-t

VRAI B/ L'adressage et la fusion membranaire implique des récepteurs spécifiques SNARE, la GTPase Rab et des protéines fusogènes hyaloplasmiques

VRAI C/ La fusion membranaire implique toujours des vésicules qui ont perdu leur manteau protéique

VRAI D/ la liaison de Rab-GTP et de son effecteur favorise l'arrimage de la vésicule à la membrane cible ainsi que l'appariement des récepteurs SNARE-v et SNARE-t

FAUX E/ Aucune des réponses ci-dessus n'est exacte

♦ *Lysosomes*

QCM 128.

FAUX A/ Il existe un nombre identique de lysosomes dans toutes les cellules eucaryotes

VRAI B/ Les lysosomes sont des petites vésicules membranaires au contenu électron dense d'aspect hétérogène

VRAI C/ Les lysosomes contiennent des hydrolases acides

FAUX D/ Dans un fractionnement cellulaire, les lysosomes peuvent être facilement séparés des mitochondries par une simple centrifugation sur gradient discontinu

FAUX E/ Aucune des réponses ci-dessus n'est exacte

Il n'existe pas un nombre identique de lysosomes dans toutes les cellules eucaryotes : on peut juste constater qu'il y a, en moyenne, une centaine de lysosomes par cellule.
Dans un fractionnement cellulaire, les lysosomes ne peuvent pas être séparés des mitochondries par une simple centrifugation sur gradient discontinu : il faut expérimentalement augmenter (perfusion de complexes riche en fer) ou diminuer (perfusion d'une solution de détergent) la densité des lysosomes, pour pouvoir les séparer des mitochondries.

QCM 129.

VRAI A/ La membrane de lysosomes est riches en perméases et en pompes ioniques

FAUX B/ La membrane des lysosomes à une épaisseur de 60 à 70 A

FAUX C/ Les hydrolases lysosomales sont actives à pH 7,4

VRAI D/ Les glycoprotéines destinées aux lysosomes sont porteuses de mannose-6-phosphate

FAUX E/ Aucune des réponses ci-dessus n'est exacte

La membrane des lysosomes a une épaisseur de 75 à 100 A. Les hydrolases lysosomales sont actives à pH 5.

QCM 130.

FAUX A/ La phosphorylation des mannoses des glycoprotéines destinées aux lysosomes se fait au niveau des citernes du REG

FAUX B/ La phosphorylation des mannoses des glycoprotéines destinées aux lysosomes est sous le contrôle d'une réaction enzymatique unique impliquant une N-acétyl glucosaminidase

FAUX C/ Les récepteurs à mannose-6-phosphate sont fonctionnels à pH 5,5

VRAI D/ Les proenzymes phospholylés destinés aux lysosomes se lient à des récepteurs à mannose-6-phosphate au niveau des saccules trans golgiens

FAUX E/ Aucune des réponses ci-dessus n'est exacte

La phosphorylation des mannoses des glycoprotéines destinées aux lysosomes se fait au niveau des saccules cis des dictyosomes.
La phosphorylation des mannoses des glycoprotéines destinées aux lysosomes est sous le contrôle de deux réactions enzymatiques impliquant une Glc NAc phosphotransférase puis une N-acétyl glucosaminidase.
Les récepteurs à mannose-6-phosphate sont fonctionnels à pH 6,5-7,2.

QCM 131.

FAUX A/ Les vésicules contenant les proenzymes lysosomales bourgeonnant des saccules trans golgiens ont un manteau de coatomères Cop I

FAUX B/ L'adaptine AP1 est impliquée dans le bourgeonnement des vésicules trans contenant les proenzymes lysosomales

VRAI C/ L'activation des hydrolases lysosomales implique une acidification du milieu

VRAI D/ L'activation des hydrolases lysosomales implique le retrait par autocatalyse d'un peptide bloquant

FAUX E/ Aucune des réponses ci-dessus n'est exacte

Les vésicules contenant les proenzymes lysosomales bourgeonnant des saccules trans golgiens sont mantelées de clathrine.
C'est l'adaptine AP3 qui est impliquée dans le bourgeonnement des vésicules trans contenant les proenzymes lysosomales.

QCM 132.

VRAI A/ Le lysosome primaire à un pH 4,8

FAUX B/ Les hydrolases acides des lysosomes primaires sont associées aux récepteurs à mannose-6-phosphate

FAUX C/ Les lysosomes sont des organites cellulaires impliqués dans l'anabolisme cellulaire

VRAI D/ les lysosomes primaires fusionnent avec des endosomes pour donner des endolysosomes

FAUX E/ Aucune des réponses ci-dessus n'est exacte

Les hydrolases acides des lysosomes primaires ne sont plus associées aux récepteurs à mannose-6-phosphate, qui sont non fonctionnels à pH 4,8.
Les lysosomes sont des organites cellulaires impliqués dans les réactions de dégradation, dans le catabolisme cellulaire.

QCM 133.

VRAI A/ les lysosomes sont impliquée dans les mécanismes d'autophagie comme dans les mécanismes d'hétérophagie

FAUX B/ Le contenu des corps résiduels est toujours sécrété dans le milieu extracellulaire

VRAI C/ Le lysosome secondaire est un lysosome qui a déjà dégradé des macromolécules

FAUX D/ Les maladies lysosomales sont toujours le résultat de la déficience d'un ou de plusieurs enzymes lysosomales

FAUX E/ Aucune des réponses ci-dessus n'est exacte

D'une manière générale, le contenu des corps résiduels n'est pas excrété dans le milieu extracellulaire pour les cellules des organismes pluricellulaires chez lesquels il pourrait engendrer des phénomènes d'inflammation.
Les maladies lysosomales ne sont pas toujours le résultat de la déficience d'un ou de plusieurs enzymes lysosomales : dans la goutte, ou la silicose, par exemple, les lysosomes des macrophages sont incapables de dégrader les cristaux d'urate de sodium ou les cristaux de silice, respectivement, ce qui entraine au final un phénomène inflammatoire, dû à la rupture des lysosomes.

♦ *Membrane plasmique*

QCM 134.

FAUX A/ La partie oligosaccharidique des protéines transmembranaires de la membrane plasmique est toujours du côté hyaloplasmique

VRAI B/ L'épaisseur de la membrane plasmique est de 7,5 nm

VRAI C/ Un caractère particulier de la membrane plasmique est que sa face exoplasmique présente un glycocalyx d'une épaisseur de 50 à 250 A

FAUX D/ La membrane plasmique représente 1 à 2% de l'ensemble des membranes biologiques de la cellule eucaryote

FAUX E/ Aucune des réponses ci-dessus n'est exacte

La partie oligosaccharidique des protéines transmembranaires de la membrane plasmique est toujours <u>du côté exoplasmique.</u>
La membrane plasmique représente 1 à 2% de l'ensemble des membranes biologiques de la cellule eucaryote (hépatocyte). Cependant, chez certaines cellules épithéliales, elle peut représenter jusqu'à 10% des membranes biologiques en raison de la présence, à la surface de la cellule, de nombreuses microvillosités.

QCM 135.

FAUX A/ Le globule rouge est une cellule très spécialisée, qui présente un noyau et pas de système membranaire intracellulaire

FAUX B/ Il est facile de purifier une fraction « membrane plasmique » pure à partir de n'importe quel type cellulaire

FAUX C/ Les érythrocytes représentent le type cellulaire choisi de préférence pour étudier la constitution chimique de la membrane plasmique car ce sont des cellules que l'on peut isoler facilement

VRAI D/ Les « fantômes » de globules rouges sont obtenus après hémolyse

FAUX E/ Aucune des réponses ci-dessus n'est exacte

Le globule rouge est une cellule très spécialisée, différenciée, qui ne présente pas de noyau, pas de chondriome et pas de système membranaire intracellulaire.
Il est difficile de purifier une fraction « membrane plasmique » pure à partir de n'importe quel type cellulaire : les globules rouges, dont la membrane plasmique est la seule membrane biologique, est un type cellulaire très utilisé car la membrane plasmique est facile à isoler.
Les érythrocytes représentent le type cellulaire choisi de préférence pour étudier la constitution chimique de la membrane plasmique car la membrane plasmique est la seule membrane biologique de ce type cellulaire.

QCM 136.

FAUX A/ La spectrine est une molécule spécifique du complexe modulateur de la surface cellulaire (cortex) de la cellule musculaire

FAUX B/ Le complexe modulateur de la surface cellulaire (cortex) de l'hématie contient de la desmine, de l'actine, de l'ankyrine

VRAI C/ Le complexe modulateur de la surface cellulaire peut présenter une certaine spécificité de composition en fonction du type cellulaire

FAUX D/ Le traitement au triton X-100 des fantômes d'hématies peut permettre d'isoler le complexe modulateur de la surface cellulaire associé à la face externe de la membrane

FAUX E/ Aucune des réponses ci-dessus n'est exacte

La spectrine est une molécule spécifique du complexe modulateur de la surface cellulaire (cortex) <u>de l'hématie.</u>
Le complexe modulateur de la surface cellulaire (cortex) de l'hématie contient <u>de la spectrine</u>, de l'actine, de l'ankyrine.

Le traitement au triton X-100 des fantômes d'hématies peut permettre d'isoler le complexe modulateur de la surface cellulaire associé à la face hyaloplasmique de la membrane.

QCM 137.

FAUX A/ La bicouche lipidique membranaire n'est pas perméable à l'eau

VRAI B/ L'eau traverse la membrane plasmique spontanément en direction du compartiment ou la concentration en solutés est la plus élevée : c'est l'osmose

FAUX C/ Les échanges d'eau à travers les membranes biologiques, implique toujours la formation de pores membranaires temporaires formées par les aquaporines

VRAI D/ les molécules et les ions traversent les membranes biologiques du compartiment de forte concentration vers le compartiment de plus faible concentration, ceci pour chaque type de soluté

FAUX E/ Aucune des réponses ci-dessus n'est exacte

La bicouche lipidique membranaire est perméable à l'eau, qui est une petite molécule de 18 Da.
Non, les échanges d'eau à travers les membranes biologiques, n'implique pas forcement la formation de pores membranaires temporaires formées par les aquaporines : celles-ci accélèrent cependant le passage de l'eau.

QCM 138.

VRAI A/ Les molécules polaires chargées, les acides aminés et les ions sont caractérisés par une perméation difficile

FAUX B/ Les petites molécules non polaires, les molécules polaires non chargées et les molécules hydrophobes sont caractérisées par une perméation facile

VRAI C/ Les transports catalysés à travers une membrane biologique permettent le passage rapide de molécules ayant une perméation difficile

FAUX D/ Les perméases et les protéines tunnel sont des protéines de transport à travers la bicouche lipidique qui ont le même type de fonctionnement

FAUX E/ Aucune des réponses ci-dessus n'est exacte

Les petites molécules non polaires, les petites molécules polaires non chargées et les molécules hydrophobes sont caractérisées par une perméation facile mais les grosses molécules polaires non chargées (comme le glucose) ont une perméation difficile.
Les perméases et les protéines tunnel sont des protéines de transport à travers la bicouche lipidique qui n'ont pas le même type de

fonctionnement : les perméases sont caractérisées par des changements de conformation qui assurent la translocation du matériel pris en charge ; les protéines tunnel forment des pores remplis d'eau qui traversent la bicouche lipidique et qui sont dans une conformation ouverte (passage de solutés spécifiques) ou fermée (pas de passage des solutés spécifiques). De plus, il peut y avoir saturation d'une perméase, non d'une protéine tunnel.

QCM 139.

VRAI A/ La diffusion facilitée est un transport catalysé qui s'exerce toujours dans le sens du gradient électro-chimique
VRAI B/ La diffusion facilitée est un transport catalysé qui ne demande pas d'apport direct d'énergie
VRAI C/ Le transport actif primaire est un transport catalysé qui nécessite un apport direct d'énergie
FAUX D/ Le transport actif primaire est un transport catalysé impliquant toujours un cotransport de type antiport
FAUX E/ Aucune des réponses ci-dessus n'est exacte

Le transport actif primaire est un transport catalysé qui nécessite un apport direct d'énergie, mais pas forcément un cotransport de type antiport.

QCM 140.

FAUX A/ La pompe sodium-potassium est un transport actif qui permait l'entrée de 3 Na+ et la sortie de 2 K+ à travers la membrane plasmique
FAUX B/ La D-hexose-perméase est une protéine transmembranaire impliquée dans le transport actif du glucose à travers la membrane plasmique des hématies
VRAI C/ La pompe sodium-potassium est une ATPase de transport
VRAI D/ Un rôle majeur de la pompe sodium-potassium est de maintenir le potentiel de repos de la membrane plasmique
FAUX E/ Aucune des réponses ci-dessus n'est exacte

La pompe sodium-potassium est un transport actif qui permait <u>la sortie de 3 Na+ et l'entrée de 2 K+</u> à travers la membrane plasmique.
La D-hexose-perméase est une protéine transmembranaire impliquée <u>dans la diffusion facilitée</u> du glucose à travers la membrane plasmique des hématies.

QCM 141.

VRAI A/ Dans les transports cytotiques, les molécules transportées ne sont jamais en contact avec le hyaloplasme

FAUX B/ L'endocytose comme l'exocytose utilisent un emballage membranaire ayant la même origine

VRAI C/ Les transports cytotiques s'effectuent toujours sous emballage membranaire

FAUX D/ La phagocytose est un mode d'exocytose spécifique à certains types cellulaires

FAUX E/ Aucune des réponses ci-dessus n'est exacte

L'endocytose et l'exocytose n'utilisent pas un emballage membranaire ayant la même origine : pour l'endocytose, il s'agit de la membrane plasmique et pour l'exocytose, il s'agit de la membrane d'une vésicule de transport (de sécrétion) qui fusionnera avec la membrane plasmique.
La phagocytose est <u>un mode d'endocytose</u> spécifique à certains types cellulaires spécialisés dans la défense de l'organisme, comme les macrophages et les neutrophiles.

QCM 142.

FAUX A/ La pinocytose est un phénomène d'endocytose caractéristiques de certaines cellules spécialisées

VRAI B/ On distingue deux types principaux d'endocytose sur la base de la taille des vésicules d'endocytose formées

FAUX C/ La phagocytose fait référence à l'internalisation de grosses molécules, de complexes macromoléculaires (ou même, de cellules entières) par les fibroblastes

FAUX D/ La pinocytose implique toujours des vésicules d'internalisation mantelées

FAUX E/ Aucune des réponses ci-dessus n'est exacte

La pinocytose, contrairement à la phagocytose, est un phénomène d'endocytose qui n'est pas spécifique de certaines cellules spécialisées : elle concerne tous les types cellulaires.
On distingue deux types principaux d'endocytose sur la base de la taille des vésicules d'endocytose formées : la phagocytose et la pinocytose.
La phagocytose fait référence à l'internalisation de grosses molécules, de complexes macromoléculaires (ou même, de cellules entières) par des cellules spécialisées dans la défense de l'organisme, comme les macrophages et les neutrophiles.
La pinocytose n'implique pas toujours des vésicules d'internalisation mantelées (de clathrine ou de cavéoline): il existe aussi des vésicules de pinocytose lisses non-mantelées.

QCM 143.

FAUX A/ Dans la phagocytose, la particule internalisée est reconnue directement par des récepteurs transmembranaires situés à la surface des cellules phagocytaire

VRAI B/ La phagocytose implique la formation de pseudopodes autour du matériel exogène

VRAI C/ Lors de la phagocytose, La vésicule d'internalisation fusionne avec un lysosome pour donner un phagolysosome

FAUX D/ La reconnaissance du matériel exogène par la cellule phagocytaire entraine l'ouverture d'un canal calcium et l'entrée rapide de calcium qui permet la phagocytose

FAUX E/ Aucune des réponses ci-dessus n'est exacte

Dans la phagocytose, la particule internalisée n'est pas reconnue directement par des récepteurs transmembranaires situés à la surface des cellules phagocytaire. Ces récepteurs sont des récepteurs au complément et aux récepteurs au fragment Fc des anticorps qui reconnaissent les protéines du complément ou les anticorps qui recouvrent la particule exogène qui sera internalisée.
La reconnaissance du matériel exogène par la cellule phagocytaire entraine l'ouverture d'un canal sodium et l'entrée rapide et transitoire de sodium qui permet la phagocytose.

QCM 144.

VRAI A/ L'endocytose d'adsorption implique la reconnaissance spécifique d'un ligand par des récepteurs membranaires

FAUX B/ De nombreuses vésicules d'endocytose sont mantelées de coatomères

VRAI C/ l'enrichissement spécifique des cavéoles en cholestérol et en sphingomyéline leur confère des propriétés spécifiques des radeaux lipidiques ou sont concentrés des récepteurs spécifiques et des protéines à ancre GPI

VRAI D/ L'endocytose des vésicules mantelées de clathrines comme de celles mantelées de cavéolines est dépendante de la dynamine

FAUX E/ Aucune des réponses ci-dessus n'est exacte

Les vésicules d'endocytose sont mantelées de clathrine ou de cavéoline (pour la pinocytose) mais pas de coatomères.

QCM 145.

FAUX A/ Tout le contenu les vésicules d'endocytose mantelées de clathrines est internalisé de manière spécifique

FAUX B/ Les récepteurs transmembranaires des vésicules d'endocytose mantelées de clathrines sont toujours dégradés après l'internalisation de la vésicule

FAUX C/ La transcytose est un mécanisme que l'on retrouve dans presque tous les types cellulaires

VRAI D/ Au cours de la transcytose, la liaison récepteur-ligand n'est jamais altérée dans la vésicule internalisée

FAUX E/ Aucune des réponses ci-dessus n'est exacte

Tout le contenu les vésicules d'endocytose mantelées de clathrines n'est pas internalisé de manière spécifique : de nombreuses molécules et solutés, non reconnus par des récepteurs, sont internalisés de manière non spécifique dans ces vésicules.
Les récepteurs transmembranaires des vésicules d'endocytose mantelées de clathrines ne sont toujours dégradés après l'internalisation de la vésicule : en effet, il peut y avoir recyclage des récepteurs et régénération des puits recouverts.
La transcytose est un mécanisme que l'on retrouve dans des cellules spécialisées de certains tissus impliqués dans des échanges, comme les cellules épithéliales polarisées, par exemple.

QCM 146.

FAUX A/ La sécrétion contrôlée met en jeu l'adaptine AP2

VRAI B/ La sécrétion constitutive concerne tous les types cellulaires

FAUX C/ La sécrétion constitutive implique des vésicules mantelées de clathrines

FAUX D/ La sécrétion contrôlée est une sécrétion permanente

FAUX E/ Aucune des réponses ci-dessus n'est exacte

La sécrétion contrôlée met en jeu l'adaptine AP1.
La sécrétion constitutive implique des vésicules mantelées de coatomères Cop I.
La sécrétion contrôlée n'est pas une sécrétion permanente : elle est régulée par des signaux (extracellulaires) déclenchant l'exocytose, en fonction des besoins de l'organisme.

QCM 147.

FAUX A/ Les vésicules impliquées dans la sécrétion constitutive comme dans la sécrétion contrôlée, fusionnent avec la membrane plasmique dès qu'elles y arrivent

VRAI B/ La sécrétion contrôlée implique une augmentation transitoire du taux de Ca++ hyaloplasmique

VRAI C/ L'exocytose implique des récepteurs SNARE-v et SNARE-t

VRAI D/ L'exocytose entraine le passage des régions oligosaccharidiques des glycoprotéines membranaires du côté exoplasmique de la membrane plasmique

FAUX E/ Aucune des réponses ci-dessus n'est exacte

Les vésicules impliquées dans la sécrétion constitutive fusionnent avec la membrane plasmique dès qu'elles y arrivent, mais les vésicules de la sécrétion contrôlée s'accumulent sous la membrane plasmique jusqu'à ce qu'elles reçoivent un signal déclenchant l'exocytose.
L'exocytose implique des récepteurs SNARE-v et SNARE-t car ces récepteurs sont impliqués dans les phénomènes de fusion membranaire.

Chapitre 6 – Mitochondrie - Corrigés

QCM 148.

FAUX A/ La mitochondrie est impliquée dans la dégradation des protéines hyaloplasmiques
VRAI B/ La mitochondrie est le lieu de la phosphorylation oxydative
VRAI C/ Le chondriome correspond à un réseau coopératif de mitochondries
FAUX D/ L'aspect morphologique du chondriome ne varie pas au cours du cycle cellulaire
FAUX E/ Aucune des réponses ci-dessus n'est exacte

La mitochondrie est impliquée dans la respiration cellulaire (phosphorylation oxidative), dans l'homéostasie cellulaire (calcium), et dans l'apoptose, mais pas dans la dégradation des protéines hyaloplasmiques. L'aspect morphologique du chondriome varie au cours du cycle cellulaire : en phase G1, on observe un réseau mitochondrial, un continuum, et c'est en phase S qu'on observe une individualisation des mitochondries.

QCM 149.

VRAI A/ La mitochondrie est caractérisée par une double assise membranaire
FAUX B/ La membrane interne mitochondriale est plissée et présente une structure particulaire importante sur sa face externe
FAUX C/ La chambre externe de la mitochondrie est le lieu d'une importante synthèse protéique
VRAI D/ La membrane externe à la même épaisseur que la membrane interne
FAUX E/ Aucune des réponses ci-dessus n'est exacte

La membrane interne mitochondriale est plissée et présente une structure particulaire importante sur sa face matricielle.
C'est au niveau de la chambre interne (matrice) de la mitochondrie qu'il y a de la synthèse protéique grâce au mitoribosomes. La membrane externe à la même épaisseur que la membrane interne : environ 6 nm.

QCM 150.

FAUX A/ Il existe 5 à 6 copies d'ADN mitochondrial linéaire et bicaténaire par mitochondrie
FAUX B/ Les mitoribosomes sont synthétisés dans le hyaloplasme puis transloqués dans la matrice mitochondriale
FAUX C/ Le pH de la matrice mitochondriale est de 5,5
FAUX D/ Dans un hépatocyte, il y a environ une centaine de mitochondries
VRAI E/ Aucune des réponses ci-dessus n'est exacte

Il existe 5 à 6 copies d'ADN mitochondrial <u>circulaire</u> et bicaténaire par mitochondrie.
La biogenèse des mitoribosomes se fait dans la matrice mitochondriale à partir de deux types d'ARNr, distincts des ARNr nucléaires.
Le pH de la matrice mitochondriale est d'environ 7,8 (légèrement plus basique que le hyaloplasme).
Dans un hépatocyte, il y a environ 1000 à 1500 mitochondries.

QCM 151.

FAUX A/ La membrane externe de la mitochondrie est très perméable sauf aux protons

FAUX B/ Lors d'un fractionnement cellulaire, la purification d'une fraction pure de mitochondries nécessite leur densification grâce à des complexes riches en fer

FAUX C/ La membrane interne de la mitochondrie est caractérisée une un haut taux de cholestérol et la présence de cardiolipides

VRAI D/ La membrane interne de la mitochondrie est très imperméable aux protons

FAUX E/ Aucune des réponses ci-dessus n'est exacte

La membrane externe de la mitochondrie est très perméable (y compris aux protons) grâce à la présence de porines qui permettent le passage de toutes les molécules de masse moléculaire inférieure à 7000 Da.
Lors d'un fractionnement cellulaire, la purification d'une fraction pure de mitochondries nécessite de modifier expérimentalement la densité <u>des lysosomes</u> (éventuellement grâce à des complexes riches en fer) pour pouvoir, par centrifugation sur gradient de densité, séparer les deux fractions.
La membrane interne de la mitochondrie est caractérisée par <u>un très faible taux de cholestérol</u> (3%) et la présence de cardiolipides (18%).

QCM 152.

FAUX A/ La membrane externe de la mitochondrie contient des porines, protéines transmembranaires formées de 16 hélices α, constituant des canaux protéiques transmembranaires

VRAI B/ La membrane externe contient des enzymes comme la thiokinase et des translocons spécifiques comme le translocon TOM

FAUX C/ La membrane interne contient environ 75% de lipides et 25% de protéines

VRAI D/ La matrice mitochondriale est riche en enzymes d'oxydation

FAUX E/ Aucune des réponses ci-dessus n'est exacte

La membrane externe de la mitochondrie contient des porines, protéines transmembranaires formées de 16 hélices β, constituant des canaux protéiques transmembranaires.
La membrane interne contient environ 25% de lipides et 75% de protéines.

QCM 153.

VRAI A/ Dans la cellule, la mitochondrie est le principal lieu de la synthèse d'ATP
FAUX B/ L'essentiel des réserves d'énergie de l'organisme provient des glucides et des protéines
FAUX C/ Le glycogène constitue la principale réserve énergétique de lipides
FAUX D/ Les triglycérides sont constitués de 3 acides gras reliés à un glucose et sont stockés majoritairement sans les adipocytes
FAUX E/ Aucune des réponses ci-dessus n'est exacte

L'essentiel des réserves d'énergie de l'organisme provient des lipides (et des glucides pour une part plus faible.).
Le glycogène constitue la principale réserve énergétique de glucides : c'est la forme de stockage du glucose.
Les triglycérides sont constitués de 3 acides gras reliés à un glycérol et sont stockés majoritairement sans les adipocytes : Ils constituent l'essentiel des réserves d'énergétiques lipidiques.

QCM 154.

FAUX A/ Lors de la glycolyse, dans la matrice mitochondriale, le glucose est transformé en deux molécules de pyruvate
FAUX B/ Le premier mécanisme impliqué dans les transformations d'énergie consiste dans la réduction des substrats organiques mis à disposition de la cellule
FAUX C/ Dans le métabolisme énergétique, les réactions d'oxydoréduction s'effectuent toujours au cours de réactions de déshydrogénation
VRAI D/ NAD+ et FAD sont des coenzymes, transporteurs d'électrons
FAUX E/ Aucune des réponses ci-dessus n'est exacte

Au cours de la glycolyse, le glucose est transformé en deux molécules de pyruvate dans le hyaloplasme.
Le premier mécanisme impliqué dans les transformations d'énergie consiste dans l'oxydation des substrats organiques mis à disposition de la cellule. Dans le métabolisme énergétique, les réactions d'oxydoréduction ne s'effectuent pas toujours au cours de réactions de déshydrogénation : au cours de la chaîne respiratoire, il y a des transferts d'électrons sans réactions de déshydrogénation.

QCM 155.

FAUX A/ Dans la glycolyse, le bilan en termes de production d' ATP est de 3 pour une molécule de glucose

VRAI B/ Le pyruvate est oxydé en acétyl-CoA dans la matrice mitochondriale

FAUX C/ L'oxydation du pyruvate dans la matrice mitochondriale se fait dans des conditions anaérobies

VRAI D/ Lors de la production d'acétyl-CoA à partir des acides gras, l'acyl-CoA subit dans la matrice mitochondriale une série de réaction connue sous le nom d'hélice de Lynen

FAUX E/ Aucune des réponses ci-dessus n'est exacte

Dans la glycolyse, le bilan en termes de production d' ATP est de 2 pour une molécule de glucose. L'oxydation du pyruvate dans la matrice mitochondriale se fait dans des conditions aérobies.

QCM 156.

VRAI A/ Dans la matrice mitochondriale, le groupement acétyl de l'acétyl-CoA est totalement oxydé en 2 CO2 au cours du cycle de Krebs

VRAI B/ La chaîne respiratoire est formée de quatre complexes protéiques fortement liés à la membrane interne de la mitochondrie

FAUX C/ Les accepteurs d'électrons réduits NADH,H+ et FADH cèdent un électron aux premiers complexes de la chaines respiratoire

VRAI D/ La chaîne respiratoire permet la régénération des transporteurs d'électrons NAD+ et FAD

FAUX E/ Aucune des réponses ci-dessus n'est exacte

Les accepteurs d'électrons réduits NADH,H+ et FADH cèdent leurs deux électrons aux premiers complexes de la chaines respiratoire.

QCM 157.

FAUX A/ L'ubiquinone est un transporteur mobile d'électrons hydrosoluble assurant le passage des électrons des complexes I et II au complexe III

FAUX B/ Le flux spontané des électrons à travers les complexes protéiques de la chaîne respiratoire assure le transport actif des protons de l'espace intermembranaire à la matrice mitochondriale

VRAI C/ Au niveau de la membrane interne de la mitochondrie, la synthèse d'ATP est assurée grâce à l'écoulement des protons dans le sens du gradient électrochimique à travers le complexe F0-F1

FAUX D/ La roténone est un inhibiteur de la chaîne respiratoire qui bloque totalement la synthèse d'ATP en bloquant le complexe I

FAUX E/ Aucune des réponses ci-dessus n'est exacte

L'ubiquinone est un transporteur mobile d'électrons hydrophobe, liposoluble, assurant le passage des électrons du complexe II au complexe III de la chaine respiratoire.
Le flux spontané des électrons à travers les complexes protéiques de la chaîne respiratoire assure le transport actif des protons de la matrice mitochondriale vers l'espace intermembranaire.
La roténone est un inhibiteur de la chaîne respiratoire qui bloque le complexe I (NADH déshydrogénase), supprime le transport des électrons initié à son niveau et réduit très fortement, mais pas totalement, les synthèses d'ATP car le transport des électrons amené au complexe II par FADH2 n'est pas bloqué.

Apoptose

QCM 158.

FAUX A/ L'apoptose ne se rencontre que chez les organismes adultes

VRAI B/ L'apoptose est un phénomène de mort cellulaire programmée

FAUX C/ L'apoptose est synonyme du phénomène de nécrose

FAUX D/ La fragmentation de la chromatine et l'internalisation des phosphatidylsérines membranaires font partie des modifications morphologiques cellulaires dues à l'apoptose

FAUX E/ Aucune des réponses ci-dessus n'est exacte

L'apoptose se rencontre chez les organismes adultes aussi bien que chez les fœtus ou, par exemple, les tissus interdigitaux sont éliminés par apoptose. La nécrose est un processus différent de l'apoptose : ce n'est pas une mort cellulaire programmée, comme l'apoptose, c'est la conséquence d'une lésion initiale, c'est une mort cellulaire dite « accidentelle ». La fragmentation de la chromatine et l'externalisation des phosphatidylsérines membranaires font partie des modifications morphologiques cellulaires dues à l'apoptose.

QCM 159.

VRAI A/ La cellule apoptotique peut être identifiée in situ par analyse de la fragmentation de l'ADN

VRAI B/ La méthode TUNEL est basée sur le marquage terminal des fragments d'ADN

FAUX C/ La cellule apoptotique peut être identifiée en analysant le nombre de ses lysosomes

VRAI D/ La cellule apoptotique peut être identifiée en utilisant des anticorps anti-caspases

FAUX E/ Aucune des réponses ci-dessus n'est exacte

Le nombre de lysosomes n'est pas un critère d'identification de la cellule apoptotique.

QCM 160.

VRAI A/ L'apoptose peut être déclenchée par des signaux externes et/ou par des signaux internes à la cellule

FAUX B/ Les caspases sont des protéases actives dans la cellule eucaryote en G1

FAUX C/ La voie intrinsèque est dépendante d'un récepteur de mort

FAUX D/ Il existe trois voies majeures conduisant à l'apoptose : une voie extrinsèque, une voie intrinsèque et une voie impliquant la perméabilité mitochondriale au cytochrome c

FAUX E/ Aucune des réponses ci-dessus n'est exacte

Les caspases sont des protéases sous forme de proenzymes inactifs, les pro-caspases, dans la cellule eucaryote non apoptotique.
La voie intrinsèque est <u>indépendante</u> d'un récepteur de mort.

Il existe deux voies majeures conduisant à l'apoptose : une voie extrinsèque, dépendante d'un récepteur de mort, et une voie intrinsèque, indépendante d'un récepteur de mort, impliquant la perméabilité mitochondriale au cytochrome c.

QCM 161.

FAUX A/ Les pro-caspases 7, 8 et 9 ont un pro-domaine long

FAUX B/ Les pro-caspases 7, 8 et 9 sont clivées par autocatalyse

VRAI C/ Les pro-caspases 3 et 6 ont un pro-domaine court

VRAI D/ Le signal apoptotique conduit au clivage des pro-caspases et à l'hétérodimérisation de 2 grosses et de 2 petites sous-unités

FAUX E/ Aucune des réponses ci-dessus n'est exacte

Les pro-caspases 8 et 9 ont un pro-domaine long et la pro-caspase 7 a un pro-domaine court.
Les pro-caspases 8 et 9 sont clivées par autocatalyse et la pro-caspase 7 est clivée par la caspase 9 active dans la voie intrinsèque.

QCM 162.

FAUX A/ L'apoptose induite par l'interaction Fas-L/ Fas implique toujours deux cellules

FAUX B/ La liaison Fas-L/Fas entraine l'activation du récepteur Fas et la reconnaissance du domaine de mort de Fas par la protéine membranaire FADD

VRAI C/ Les caspases initiatrices actives clivent les caspases effectrices 3, 6 et 7

VRAI D/ La protéine FADD activée recrute les caspases initiatrices 8 et 10

FAUX E/ Aucune des réponses ci-dessus n'est exacte

L'apoptose induite par l'interaction Fas-L/ Fas n'implique pas forcement deux cellules : la même cellule peut avoir à sa surface le récepteur Fas et son ligand, Fas-L.
La liaison Fas-L/Fas entraine l'activation du récepteur Fas et la reconnaissance du domaine de mort de Fas par la protéine adaptatrice hyaloplasmique FADD.

QCM 163.

VRAI A/ Le stress oxydant peut provoquer le processus apoptotique

FAUX B/ Toutes les protéines de la famille Bcl-2 sont anti-apoptotiques

VRAI C/ L'apoptosome est un complexe multiprotéique associant la pro-caspase 9, le cytochrome c, la protéine Apaf-1 et l'ATP

FAUX D/ L'association Bax/Bax ou Bcl-2/Bax au niveau de la membrane externe de la mitochondrie permet la formation de pore membranaire et la fuite du cytochrome c en direction du hyaloplasme

FAUX E/ Aucune des réponses ci-dessus n'est exacte

Toutes les protéines de la famille Bcl-2 ne sont pas anti-apoptotiques :Bcl-2 est anti-apoptotique mais Bax est pro-apoptotique.
L'association Bax/Bax au niveau de la membrane externe de la mitochondrie permet la formation de pore membranaire et la fuite du cytochrome c en direction du hyaloplasme : cette association est donc pro-apoptotique mais l'association Bcl-2/Bax est anti-apoptotique.

QCM 164.

FAUX A/ La caspase 3 est capable de cliver la pro-caspase 8

FAUX B/ La voie extrinsèque et la voie intrinsèque de l'apoptose sont deux voies totalement indépendantes

FAUX C/ La caspase 7 est une caspase commune à la voie intrinsèque et à la voie extrinsèque de l'apotose

FAUX D/ L'apoptose peut être initiée par le récepteur membranaire P53

VRAI E/ Aucune des réponses ci-dessus n'est exacte

La caspase 3 est une caspase effectrice qui est clivée par la caspase 8 ou par la caspase 9, qui sont des caspases initiatrices.
La voie extrinsèque et la voie intrinsèque de l'apoptose ne sont pas deux voies totalement indépendantes, ainsi la caspase 3 est commune aux deux voies.
La caspase 7 n'est pas une caspase commune à la voie intrinsèque et à la voie extrinsèque de l'apotose : c'est une caspase effectrice de la voie intrinséque.
L'apoptose peut être initiée par P53 phosphorylé, qui est un facteur de transcription et non un récepteur membranaire.

Transports

QCM 165.

FAUX A/ L'importation du pyruvate en direction de la matrice mitochondriale se fait grâce à une pyruvate translocase qui fonctionne comme un antiport couplant la translocation du pyruvate et la sortie d'ions H+

FAUX B/ L'ADP/ATP translocase située dans la membrane externe des mitochondries est un antiport

FAUX C/ Le translocon TOM-TIM permet l'exportation de la majorité des protéines mitochondriales codées au niveau du génome mitochondrial

VRAI D/ la plus grande partie des protéines de la mitochondrie sont synthétisées dans le haloplasme

FAUX E/ Aucune des réponses ci-dessus n'est exacte

L'importation du pyruvate en direction de la matrice mitochondriale se fait grâce à une pyruvate translocase qui fonctionne comme un symport couplant la translocation du pyruvate et l'entrée d'ions H+.
L'ADP/ATP translocase est située dans la membrane interne des mitochondries : c'est un antiport.
Le translocon TOM-TIM permet l'importation de la majorité des protéines mitochondriales codées au niveau du génome nucléaire.

QCM 166.

VRAI A/ La réplication de l'ADN mitochondrial n'est pas synchrone avec celle de l'ADN nucléaire

FAUX B/ L'ADN mitochondrial est circulaire, bicaténaire et associé à des histones

VRAI C/ Les gènes de structures de l'ADN mitochondrial sont des gènes non morcelés

FAUX D/ Les mêmes ADN polymérases sont impliquées au niveau nucléaire et au niveau de la mitochondrie

FAUX E/ Aucune des réponses ci-dessus n'est exacte

L'ADN mitochondrial est circulaire, bicaténaire <u>et n'est pas associé</u> à des histones.
Il existe une ADN polymérase mitochondriale spécifique, différente de l'ADN polymérase nucléaire.

QCM 167.

VRAI A/ L'ARN mitochondrial est dépourvu d'intros

FAUX B/ Les 22 types d'ARNt de la mitochondrie sont identiques aux ARNt hyaloplasmiques

FAUX C/ Le coefficient de sédimentation des ribosomes de la mitochondrie est de 70S

VRAI D/ Plusieurs sous-unités constitutives de la perméase F0 sont codées par le génome mitochondrial

FAUX E/ Aucune des réponses ci-dessus n'est exacte

Les 22 types d'ARNt de la mitochondrie sont différents des ARNt hyaloplasmiques (codés par le génome nucléaire).
Le coefficient de sédimentation des ribosomes de la mitochondrie est de 50S.

Chapitre 7 – Mitose - Corrigés

QCM 168.

FAUX A/ Un diplosome est formé de deux centrosomes

VRAI B/ Chaque centriole se présente comme un cylindre creux formé par 9 triplets associant chacun 3 microtubules jointifs sur toute leur longueur/

VRAI C/ Un centriole fait environ 0,5 μm de long et 0,2 μm de diamètre

FAUX D/ Au cours de la phase G1, des procentrioles se forment à proximité des centrioles initiaux

FAUX E/ Aucune des réponses ci-dessus n'est exacte

Un diplosome est formé de deux centrioles.

C'est au cours de la phase S que deux procentrioles se forment à proximité des centrioles initiaux.

QCM 169.

FAUX A/ Dans une cellule humaine Hela, l'interphase dure 19h et la mitose 6h

VRAI B/ Deux diplosomes sont observés dans la cellule en fin de phase G2

VRAI C/ La prométaphase débute avec la rupture de l'enveloppe nucléaire

FAUX D/ La prophase s'accompagne de la compaction des fibres B en chromosomes mitotiques monochromatidiens

FAUX E/ Aucune des réponses ci-dessus n'est exacte

Dans une cellule humaine Hela, l'interphase dure 19h et la mitose 1h.

La prophase s'accompagne de la compaction des fibres B en chromosomes mitotiques bichromatidiens.

QCM 170.

VRAI A/ Au cours de la prophase, les lamines A, B et C sont phosphorylées, ce qui induit la déstructuration des filaments constituant la lamina

VRAI B/ Au cours de la prophase se forme une nouvelle structure microtubulaire : le fuseau de division

FAUX C/ Au cours de la prophase, les lamines A et B phosphorylées sont solubilisées et la lamine C reste fixée à la face nucléoplasmique de la membrane interne de l'enveloppe nucléaire

VRAI D/ Il y a fragmentation et vésicularisation du RE et de l'appareil de golgi, qui ne sont plus sous-tendus par le cytosquelette microtubulaire durant la prophase

FAUX E/ Aucune des réponses ci-dessus n'est exacte

Au cours de la prophase, les lamines A et C phosphorylées sont solubilisées et la lamine B reste fixée à la face nucléoplasmique de la membrane interne de l'enveloppe nucléaire.

QCM 171.

VRAI A/ L'aster correspond à l'assemblage de microtubules très courts, nombreux et instables à la périphérie du centrosome, lors de la prophase

FAUX B/ Lors de la mise en place du fuseau de division, au cours de la prophase, les deux diplosomes du centromère s'écartent progressivement

VRAI C/ A partir de la prométaphase, les microtubules s'allongent à partir des deux asters opposés à travers le cocon de microfilaments intermédiaires

VRAI D/ Lors de la prophase/prométaphase, le réseau de microfilaments intermédiaires se contractent autour de l'espace nucléaire et forme un cocon

FAUX E/ Aucune des réponses ci-dessus n'est exacte

Lors de la mise en place du fuseau de division, au cours de la prophase, les deux diplosomes du centrosome s'écartent progressivement.

QCM 172.

FAUX A/ Du début de la prophase à la prométaphase, la cellule eucaryote passe d'une organisation bipolaire à une organisation unipolaire

VRAI B/ Au début de la prométaphase, les chromosomes bichromatidiens, couts et épais sont libres dans l'espace nucléaire

FAUX C/ Les kinétochores sont des structures protéiques discoïdales feuilletées associées à l'euchromatine du centromère

FAUX D/ Un kinétochore est présent par chromosome mitotique

FAUX E/ Aucune des réponses ci-dessus n'est exacte

Du début de la prophase à la prométaphase, la cellule eucaryote passe d'une organisation unipolaire à une organisation bipolaire.
Les kinétochores sont des structures protéiques discoïdales feuilletées associées à l'hétérochromatine du centromère.
Deux kinétochores sont présent par chromosome mitotique, associés au centromère.

QCM 173.

FAUX A/ Au niveau du fuseau de division, les microtubules polaires sont associés aux centromères des chromosomes

VRAI B/ La congression est un phénomène qui tend à amener les chromosomes mitotiques à l'équateur du fuseau de division et qui est lié à l'instabilité dynamique des microtubules kinétochoriens

VRAI C/ A la métaphase, tous les chromosomes bichromatidiens sont fixés par leurs kinétochrores aux microtubules kinétochoriens de longueur constante, issus des deux pôles astériens

FAUX D/ A la métaphase, tous les centromères sont alignés sur l'équateur du fuseau dans un plan horizontal à l'axe polaire

FAUX E/ Aucune des réponses ci-dessus n'est exacte

Au niveau du fuseau de division, ce sont les <u>microtubules kinétochoriens</u> qui sont associés aux centromères des chromosomes, pas les microtubules polaires.
A la métaphase, tous les centromères sont alignés sur l'équateur du fuseau dans <u>un plan perpendiculaire</u> à l'axe polaire.

QCM 174.

FAUX A/ L'anaphase se caractérise par le clivage des centrosomes et la séparation des chromatides sœurs de chaque chromosome bichromatidien

VRAI B/ L'anaphase B aboutit à une élongation sensible du fuseau de division qui dépend en partie de l'élongation des microtubules polaires

FAUX C/ L'anaphase B est dépendante de l'activité des protéines motrices, kinésines et dynéines, ce qui implique une consommation importante de GTP

VRAI D/ L'anaphase A correspond à la dépolymérisation rapide des microtubules kinétochoriens, ce qui entraine le déplacement des deux chromatides sœurs vers les pôles opposés du fuseau

FAUX E/ Aucune des réponses ci-dessus n'est exacte

L'anaphase se caractérise par le clivage <u>des centromères</u> et la séparation des chromatides sœurs de chaque chromosome bichromatidien.
L'anaphase B est dépendante de l'activité des protéines motrices, kinésines et dynéines, ce qui implique une consommation importante <u>d'ATP.</u>

QCM 175.

FAUX A/ A la télophase, la phosphorylation des histones H1 est associée à la décompaction des chromosomes monochromatidiens.

FAUX B/ Le réassemblage de la lamina observée à la télophase se fait à partir des lamines C associées aux vésicules membranaires, elles-mêmes fixées aux télomères des chromosomes

VRAI C/ A la télophase, les chromatides « sœurs » qui se sont séparées lors de l'anaphase sont regroupés en deux lots de chromosomes « fils » monochromatidiens à chacun des deux pôles du fuseau

VRAI D/ A la télophase, on assiste à la reconstruction de l'enveloppe nucléaire et des complexes de pores

FAUX E/ Aucune des réponses ci-dessus n'est exacte

A la télophase, la déphosphorylation des histones H1 est associée à la décompaction des chromosomes monochromatidiens.
Le réassemblage de la lamina observée à la télophase se fait à partir des lamines B associées aux vésicules membranaires, elles-mêmes fixées aux télomères des chromosomes.

QCM 176.

FAUX A/ La cytodiérèse est caractérisée par la formation d'un anneau contractile sous l'enveloppe nucléaire en reconstruction

VRAI B/ La cytodiérèse est caractérisée par la dépolymérisation des microtubules du fuseau de division

FAUX C/ Au cours de la cytodiérèse, la cellule mère se divise et donne naissance à deux cellules filles ayant un noyau fonctionnel contenant 2n chromosomes bichromatidiens

VRAI D/ Ce sont des microfilaments d'actine et de myosine qui déterminent la formation de l'anneau contractile dans la région équatoriale de la cellule au cours de la cytodiérèse

FAUX E/ Aucune des réponses ci-dessus n'est exacte

La cytodiérèse est caractérisée par la formation d'un anneau contractile sous la membrane plasmique.
Au cours de la cytodiérèse, la cellule mère se divise et donne naissance à deux cellules filles ayant un noyau fonctionnel contenant 2n chromosomes monochromatidiens.

QCM 177.

VRAI A/ L'actinomycine est un inhibiteur de la transcription des ARNm

FAUX B/ La cytochalasine comme la puromycine sont des inhibiteurs de la traduction

VRAI C/ La colchicine comme la vinblastine sont des inhibiteurs de la mise en place du fuseau de division

VRAI D/ La mitose peut être considérée comme une reproduction asexuée

FAUX E/ Aucune des réponses ci-dessus n'est exacte

La cytochalasine, inhibiteur de la polymérisation des microfilaments d'actine bloque la formation de l'anneau contractile responsable de la cytodiérèse ; la puromycine est un inhibiteur de la traduction.

Chapitre 8 - Cycle cellulaire - Corrigés

QCM 178.

VRAI A/ Des facteurs exogènes (facteurs de croissance, hormones) peuvent contrôler le cycle cellulaire et orienter le devenir de la cellule

FAUX B/ Les cellules cibles réagissent toujours aux signaux exogènes par l'intermédiaire de récepteurs transmembranaires

VRAI C/ Trois points de contrôle du cycle cellulaire ont été identifiés

FAUX D/ Le traitement d'une culture cellulaire par de l'EGF ou du FGF favorise principalement la différenciation

FAUX E/ Aucune des réponses ci-dessus n'est exacte

Les cellules cibles ne réagissent pas toujours aux signaux exogènes par l'intermédiaire de récepteurs transmembranaires. Certains signaux exogènes peuvent mobiliser des récepteurs nucléaires (les hormones thyroïdiennes, par exemple) ou des intermédiaires hyaloplasmiques (exemple de la voie calcium/calcineurine).
Le traitement d'une culture cellulaire par de l'EGF ou du FGF favorise principalement la prolifération cellulaire.

Voie EGF

QCM 179.

FAUX A/ La fixation de l'EGF extracellulaire à ses récepteurs transmembranaires à activité sérine/thréonine kinase entraine une homodimérisation et une autophosphorylation de ceux-ci

FAUX B/ L'EGF est un facteur de transcription extracellulaire

VRAI C/ La transduction du signal est la transformation d'un message extracellulaire à un message intracellulaire

FAUX D/ L'EGF peut se fixer sur des récepteurs transmembranaires à activité tyrosine kinase et à des récepteurs transmembranaires à activité sérine/thréonine kinase

FAUX E/ Aucune des réponses ci-dessus n'est exacte

L'EGF extracellulaire se fixe à des récepteurs transmembranaires à activité tyrosine kinase, ce qui entraine une homodimérisation et une autophosphorylation de ceux-ci.
L'EGF est un facteur de croissance.
L'EGF se fixe uniquement sur des récepteurs transmembranaires à activité tyrosine kinase.

QCM 180.

VRAI A/ Les protéines Ras peuvent être associées à une molécule de GDP ou à une molécule de GTP

VRAI B/ Les protéines Ras sont des petites GTPases monomériques membranaires qui jouent le rôle d'interrupteur moléculaire dans la transduction du signal au niveau de diverses membranes biologiques de la cellule

FAUX C/ La liaison entre l'activation du récepteur transmembranaire et l'activation de Ras (passage de la forme associée au GTP à la forme associée au GDP) fait intervenir une protéine d'échange de nucléotides guanidiques comme Grb2-Sos

FAUX D/ Dans les cellules au repos, 90% des protéines Ras sont liées au GTP

FAUX E/ Aucune des réponses ci-dessus n'est exacte

La liaison entre l'activation du récepteur transmembranaire et l'activation de Ras (<u>passage de la forme associée au GDP à la forme associée au GTP</u>) fait intervenir une protéine d'échange de nucléotides guanidiques comme Grb2-Sos.
Dans les cellules au repos, 90% des protéines Ras sont liées <u>au GDP.</u>

QCM 181.

FAUX A/ Ras-GDP agit sur un effecteur hyaloplasmique, Raf1, une sérine/thréonine kinase (une PAM-kinase)

FAUX B/ L'interaction Ras-GDP/Raf-1 fixe Raf-1 à la face hyaloplasmique de la membrane plasmique ou Raf-1 est phosphorylée par des protéines kinases membranaires

VRAI C/ Raf-1 phosphorylée joue un rôle de deuxième messager intracellulaire à l'origine de l'activation en cascade par phosphorylation d'une série de PAM-kinases hyaloplasmiques

FAUX D/ La sérine/thréonine kinase MEK, une fois activée par phosphorylation, passe dans le noyau

FAUX E/ Aucune des réponses ci-dessus n'est exacte

<u>Ras-GTP</u> agit sur un effecteur hyaloplasmique, Raf1, une sérine/thréonine kinase (une PAM-kinase).
L'interaction <u>Ras-GTP</u>/Raf-1 fixe Raf-1 à la face hyaloplasmique de la membrane plasmique ou Raf-1 est phosphorylée par des protéines kinases membranaires.
C'est la PAM- kinase hyaloplasmique, ERK, qui, une fois activée par phosphorylation, passe dans le noyau.

QCM 182.

FAUX A/ Dans le noyau, MEK-P active des facteurs de transcription qui contrôlent l'expression de gènes codant des cyclines
VRAI B/ Les cyclines sont des protéines capables d'activer certaines protéines kinases hyaloplasmiques (CDK) impliquées dans le contrôle du cycle cellulaire
VRAI C/ Il existe deux types de cyclines : les cyclines G1 et les cyclines M (mitotiques)
VRAI D/ Les cyclines D s'associent à CDK4 et CDK6
FAUX E/ Aucune des réponses ci-dessus n'est exacte

Dans le noyau, c'est ERK-P qui active des facteurs de transcription qui contrôlent l'expression de gènes codant des cyclines.

QCM 183.

VRAI A/ Les cyclines E et A s'associent à CDK2
FAUX B/ Les cyclines A et B s'associent à CDK1 et CDK2
VRAI C/ Les cyclines s'accumulent dans le hyaloplasme au cours de l'interphase
VRAI D/ Les protéines p16 et p21 sont des inhibiteurs de CDK
FAUX E/ Aucune des réponses ci-dessus n'est exacte

C'est la cycline A qui s'associe à CDK1 et CDK2.

QCM 184.

VRAI A/ Dès le début de la phase G1, les complexes cycline D/CDK4-6 s'accumulent mais leur activité est inhibée par une forte expression de la protéine p16
FAUX B/ Le passage du point de contrôle G1/S est contrôlé par les protéines de la famille Rb, qui en se fixant au facteur de transcription E2F, activent le passage en phase S
VRAI C/ Le passage de la phase G1 à la phase S est dû au fait que le taux du complexe cycline D/CDK4-6 dépasse un seuil critique
FAUX D/ Le facteur de transcription E2F associé à la protéine Rb active la transcription de gènes codant pour des protéines impliquées dans la réplication de l'ADN, comme PCNA
FAUX E/ Aucune des réponses ci-dessus n'est exacte

Le passage du point de contrôle G1/S est contrôlé par les complexes cyclines D/CDK4-6, qui phosphorylent Rb, ce qui a pour conséquence la rupture de l'interaction Rb-E2F et la libération du facteur de transcription E2F qui active alors l'expression des gènes codant pour des protéines essentielles à l'entrée en phase S et à la réplication de l'ADN.

Le facteur de transcription E2F, quand il n'est plus associé à la protéine Rb active la transcription de gènes codant pour des protéines impliquées dans la réplication de l'ADN, comme PCNA.

QCM 185.

FAUX A/ Le déclenchement et la progression de la réplication de l'ADN est contrôlé par le complexe cycline E/CDK2

VRAI B/ L'induction de l'expression de la cycline E par la protéine E2F et l'activation du complexe cycline E/CDK2 contribue à l'irréversibilité de la transition G1/S

VRAI C/ La cycline E est progressivement détruite au cours de la phase S par ubiquitinylation

FAUX D/ CDK2 a un rôle majeur dans la transition G2/M

FAUX E/ Aucune des réponses ci-dessus n'est exacte

Le déclenchement et la progression de la réplication de l'ADN est contrôlé par le complexe cycline A/CDK2.
C'est CDK1 qui a un rôle majeur dans la transition G2/M, en s'associant successivement à la cycline A puis à la cycline B.

QCM 186.

VRAI A/ Au cours de la phase G2, CDK1 va successivement s'associée à la cycline A puis à la cycline B

FAUX B/ Le MPF contrôle une cascade de déphosphorylation qui provoque en particulier la rupture de l'enveloppe nucléaire, la formation du fuseau de division et la formation des chromosomes mitotiques

FAUX C/ Le MPF correspond au complexe cycline B/CDK1 phosphorylé

VRAI D/ La phosphatase cdc25 activée en fin de phase G2 par le complexe cycline A/CDK1 a pour substrat le pré-MPF

FAUX E/ Aucune des réponses ci-dessus n'est exacte

Le MPF contrôle une cascade de phosphorylation qui provoque en particulier la rupture de l'enveloppe nucléaire, la formation du fuseau de division et la formation des chromosomes mitotiques.
Le MPF correspond au complexe cycline B/CDK1 déphosphorylé par la phosphatase cdc25.

QCM 187.

FAUX A/ Un des substrats d'APC est la cycline A au moment de l'anaphase

VRAI B/ APC (Anaphase-Promoting Complex) est une E3 ubiquitine ligase, substrat du MPF

FAUX C/ L'activation d'APC entraîne au final la destruction des complexes cohésine au cours de la télophase

VRAI D/ La transition métaphase/anaphase coïncide avec la dégradation protéolytique de la cycline B, entrainant l'inactivation du MRF

FAUX E/ Aucune des réponses ci-dessus n'est exacte

La cycline A n'est pas un substrat d'APC. La phosphorylation d'APC par le MPF augmente l'affinité d'APC pour son activateur, la protéine Fizzy. Le complexe APC/Fizzy a deux substrats majeurs, qui vont être reconnus et ubiquitinylés par APC puis dégradés par le protéasome 26S : une protéine nommée sécurine et la cycline B.
L'activation d'APC entraîne au final la destruction des complexes cohésine au cours de l'anaphase A.

Chapitre 9 - Biologie du développement - Corrigés

QCM 188.

VRAI A/ La cellule totipotente est caractérisée par un indice mitotique élevé

VRAI B/ La cellule totipotente peut donner naissance à tous les types cellulaires de l'organisme

FAUX C/ La cellule totipotente présente des caractères morphologiques spécialisés

FAUX D/ Chez l'amphibien les blastomères sont totipotents jusqu'à la fin de la segmentation

FAUX E/ Aucune des réponses ci-dessus n'est exacte

La cellule totipotente ne présente aucun caractère morphologique spécialisé. Chez l'amphibien les blastomères ne sont pas totipotents jusqu'à la fin de la segmentation : l'endoderme, végétatif, est déterminé dès le stade 32 cellules.

QCM 189.

FAUX A/ On distingue classiquement différents types d'œufs en fonction de leur contenu en granules ribonucléoproteiques

FAUX B/ L'œuf de mammifères placentaires est un œuf alécithe qui contient un contenu hétérogène en réserves vitellines

FAUX C/ Le vitellus est un mélange de réserves protéiques, lipoprotéiques et de transcrits accumulés au cours de l'ovogenèse

VRAI D/ L'œuf d'amphibien est un œuf hétérolécithe

FAUX E/ Aucune des réponses ci-dessus n'est exacte

On distingue classiquement différents types d'œufs en fonction de leur contenu en réserves vitellines (vitellus).
L'œuf de mammifères placentaires est un œuf alécithe qui ne contient quasiment pas de réserves vitellines.
Le vitellus est un mélange de réserves protéiques et lipoprotéiques accumulés au cours de l'ovogenèse.

QCM 190.

FAUX A/ L'œuf d'oursin présente une segmentation spirale

FAUX B/ La segmentation méroblastique est une segmentation totale

FAUX C/ La segmentation radiaire présente des plans de segmentation tour à tour méridiens et équatoriaux

FAUX D/ Les œufs télolécithes ont une segmentation holoblastique

VRAI E/ Aucune des réponses ci-dessus n'est exacte

L'œuf d'oursin présente une segmentation *<u>radiaire.</u>*
La segmentation méroblastique est une segmentation partielle que l'on rencontre chez les œufs d'oiseaux ou de poissons.
La segmentation radiaire présente des plans de segmentation tour à tour méridiens et latitudinaux.
Les œufs télolécithes, très riches en réserves vitellines, ont une segmentation partielle, méroblastique.

<u>Œuf d'amphibien</u>

QCM 191.

FAUX A/ Le chorion correspond à une bicouche lipidique qui entoure l'œuf

VRAI B/ Le vitellus est composé à 80% de phosvitine et de lipovitelline

FAUX C/ Le gradient vitellin est croissant de la région dorsale à la région ventrale

FAUX D/ Le gradient ribosomal est croissant du pole animal au pôle végétatif

FAUX E/ Aucune des réponses ci-dessus n'est exacte

Le chorion correspond à une enveloppe de mucopolysaccharides qui entoure l'œuf.
Le gradient vitellin est croissant du pôle animal au pôle végétatif.
Le gradient ribosomal est croissant du pôle végétatif au pôle animal.

QCM 192.

VRAI A/ La pigmentation de l'hémisphère animal est due à la présence de pigments se situant dans le cytoplasme cortical

FAUX B/ Le cytoplasme cortical est riche en plaquettes vitellines

FAUX C/ La tâche de maturation est le lieu d'impact du spermatozoïde

FAUX D/ Au moment de la rencontre avec le spermatozoïde, l'œuf est bloqué en métaphase de deuxième division de méiose et n'a pas encore expulsé ses globules polaires

FAUX E/ Aucune des réponses ci-dessus n'est exacte

Le cytoplasme cortical (sous membranaire) ne contient pas de plaquettes vitellines.
La tâche de maturation est le lieu d'expulsion des globules polaires.
Au moment de la rencontre avec le spermatozoïde, l'œuf est bloqué en métaphase de deuxième division de méiose et a déjà expulsé son premier globule polaire.

QCM 193.

FAUX A/ La rotation d'orientation marque la mise en place du croissant dépigmenté
VRAI B/ La rotation d'orientation est le résultat de la mise en place d'un espace perivitellin entre la membrane plasmique de l'œuf et le chorion suite à la rencontre avec le spermatozoïde
FAUX C/ Le caractère hétérogène du vitellus de l'œuf d'amphibien est impliqué dans la rotation de symétrisation
VRAI D/ La rotation de symétrisation est dépendante du réseau de microtubules du cortex
FAUX E/ Aucune des réponses ci-dessus n'est exacte

La rotation de symétrisation marque la mise en place du croissant dépigmenté, qui marque la future région dorsale de l'embryon.
Le caractère hétérogène du vitellus de l'œuf d'amphibien est impliqué dans la rotation d'orientation.

QCM 194.

VRAI A/ Le croissant dépigmenté marque la future région dorsale de l'embryon
FAUX B/ La mise en place du croissant dépigmenté ne marque pas forcement la mise en place de l'axe de symétrie bilatérale
FAUX C/ Lors de la rotation de symétrisation, la bascule des pigments corticaux se fait dans 20% des cas en direction du point d'impact du spermatozoïde
VRAI D/ La disparition de la tache de maturation reflète la rotation de symétrisation
FAUX E/ Aucune des réponses ci-dessus n'est exacte

La mise en place du croissant dépigmenté marque toujours la mise en place de l'axe de symétrie bilatérale.
Lors de la rotation de symétrisation, la bascule des pigments corticaux se fait <u>dans 60% des cas</u> en direction du point d'impact du spermatozoïde.

QCM 195.

FAUX A/ L'œuf d'amphibien présente une segmentation totale et inégale dès le 4ème cycle de division
VRAI B/ Dans 50% des cas le premier plan de clivage coïncide avec le plan de symétrie bilatérale
FAUX C/ Au cours de la segmentation, les micromères ont des cycles cellulaires courts et les macromères des cycles cellulaires longs car le génome embryonnaire s'exprime précocement dans ces derniers
VRAI D/ Le premier et le deuxième plans de clivage sont méridiens
FAUX E/ Aucune des réponses ci-dessus n'est exacte

L'œuf d'amphibien présente une segmentation totale et inégale dès le 3ème cycle de division.
Au cours de la segmentation, les micromères ont des cycles cellulaires courts et les macromères des cycles cellulaires longs à cause de la surcharge en vitellus de ces derniers.

QCM 196.

VRAI A/ Au niveau des micromères, la segmentation comporte deux phases : une synchrone puis une asynchrone

VRAI B/ La transition blastuléenne correspond au début de l'expression du génome de l'embryon

VRAI C/ La transition blastuléenne correspond au passage d'une phase de segmentation synchrone à une phase asynchrone

FAUX D/ La durée de la phase S augmente à partir de la transition blastuléenne

FAUX E/ Aucune des réponses ci-dessus n'est exacte

La durée de la phase S est relativement stable pour une espèce donnée : A partir de la transition blastuléenne, il y a apparition de phase G1 et G2, reflet de l'expression du génome embryonnaire.

QCM 197.

VRAI A/ Avant la transition blastuléenne, tous les gènes embryonnaire sont réprimés

FAUX B/ Avant la transition blastuléenne, la répression des gènes zygotiques nécessite toujours un ADN méthylé

FAUX C/ Avant la transition blastuléenne, la protéine nucléaire kaiso se fixe sur le facteur de transcription Tcf-3 et recrute des HDAC

FAUX D/ Groucho est un facteur de transcription qui se fixe sur de l'ADN méthylé et recrute des HDAC, avant la transition blastuléenne

FAUX E/ Aucune des réponses ci-dessus n'est exacte

Avant la transition blastuléenne, la répression des gènes zygotiques ne nécessite pas toujours un ADN méthylé : il existe des mécanismes de répression indépendants de la méthylation de l'ADN, impliquant, par exemple le corepresseur, Groucho.
Avant la transition blastuléenne, c'est la protéine nucléaire Groucho qui se fixe sur le facteur de transcription Tcf-3 et recrute des HDAC.
C'est Kaiso, qui est un facteur de transcription qui se fixe sur de l'ADN méthylé et recrute des HDAC, avant la transition blastuléenne.

QCM 198.

FAUX A/ La fréquence de division augmente après la segmentation

FAUX B/ Lors de la segmentation, la cavité du blastocœle se forme dans l'hémisphère animal à partir du stade 32 cellules

FAUX C/ Les macromères du toit du blastocœle sont tapissés de protéines de la matrice extracellulaire

VRAI D/ Les blastomères du plancher du blastocœle ne sont pas tapissés de fibronectine

FAUX E/ Aucune des réponses ci-dessus n'est exacte

La fréquence de division diminue après la segmentation et la durée des cycles cellulaires s'allonge, reflet de l'expression du génome embryonnaire.
Lors de la segmentation, la cavité du blastocœle se forme dans l'hémisphère animal à partir du stade 8 cellules.
Ce sont les micromères du toit du blastocœle qui sont tapissés de protéines de la matrice extracellulaire.

QCM 199.

VRAI A/ La fibronectine est un homodimère glycoprotéique qui sert de support pour la migration cellulaire lors de la gastrulation

VRAI B/ La fibronectine est une protéine de la matrice extracellulaire

FAUX C/ Le tripeptide Arg-Pro-Asp représente la séquence minimale permettant la liaison de la cellule à la fibronectine

FAUX D/ Comme la fibronectine, la laminine est un hétérodimère glycoprotéique de la matrice extracellulaire

FAUX E/ Aucune des réponses ci-dessus n'est exacte

Le tripeptide Arg-Gly-Asp représente la séquence minimale permettant la liaison de la cellule à la fibronectine.
La laminine est un hétérotrimère glycoprotéique de la matrice extracellulaire.

QCM 200.

FAUX A/ Lors de la migration cellulaire, les liaisons qui s'établissent entre fibronectine et intégrines sont des liaisons très stables

VRAI B/ Les intégrines sont des récepteurs transmembranaires à de nombreuses protéines de la matrice extracellulaire

VRAI C/ Les intégrines sont composées d'une sous-unité α et d'une sous-unité β

VRAI D/ L'injection d'anticorps anti-fibronectine dans le blastocœle bloque la gastrulation

FAUX E/ Aucune des réponses ci-dessus n'est exacte

Lors de la migration cellulaire, les liaisons qui s'établissent entre fibronectine et intégrines sont des liaisons faibles et transitoires.
L'injection d'anticorps anti-fibronectine dans le blastocœle bloque la gastrulation, par inhibition stérique, en empêchant la liaison fibronectine endogène-intégrines des cellules en migration sur le toit du blastocœle.

QCM 201.

VRAI A/ La gastrulation est caractérisée par l'allongement de la durée du cycle cellulaire

FAUX B/ La gastrulation de l'embryon de pleurodèle dure 24 heures à 12°C

FAUX C/ La gastrulation de l'amphibien implique principalement deux mouvements cellulaires majeurs : l'épibolie et la convergence

VRAI D/ La gastrulation conduit à la mise en place d'un embryon tridermique

FAUX E/ Aucune des réponses ci-dessus n'est exacte

La gastrulation de l'embryon de pleurodèle dure 24 heures à 18°C.
La gastrulation de l'amphibien implique deux mouvements cellulaires majeurs : l'épibolie et l'invagination, mais également des mouvements l'élongation, de convergence et de divergence.

QCM 202.

FAUX A/ Le mouvement initial de la gastrulation est un mouvement de convergence

FAUX B/ La formation des cellules en bouteille est due uniquement à l'élongation des faisceaux de microtubules dans le sens de leur étirement

VRAI C/ La formation des cellules en bouteille représente l'évènement initial de la gastrulation

VRAI D/ La formation des cellules en bouteille dans la région dorso-végétative de l'embryon est sous le contrôle des TGFβ

FAUX E/ Aucune des réponses ci-dessus n'est exacte

Le mouvement initial de la gastrulation est un mouvement d'invagination de quelques cellules en bouteille.
La formation des cellules en bouteille est due à l'élongation des faisceaux de microtubules dans le sens de leur étirement et à la contraction de microfilaments d'actine dans la région apicale.
La formation des cellules en bouteille dans la région dorso-végétative de l'embryon est sous le contrôle des TGFβ, Vg1, activine et Xnr, présents en quantité importante au niveau de la région dorso-végétative.

QCM 203.

VRAI A/ Le mouvement d'extension- convergence concerne les blastomères de la zone marginale dorsale
FAUX B/ Le mouvement d'extension- convergence est le résultat d'un phénomène d'intercalation radiaire
VRAI C/ Le mouvement d'épibolie est le résultat d'un phénomène d'intercalation radiaire
FAUX D/ A la fin de la gastrulation, la totalité de l'embryon est recouvert de macromères
FAUX E/ Aucune des réponses ci-dessus n'est exacte

Le mouvement d'extension- convergence est le résultat d'un phénomène d'intercalation médio-latérale des cellules de la zone marginale dorsale. A la fin de la gastrulation, la totalité de l'embryon est recouvert de micromères ectoblastiques.

QCM 204.

FAUX A/ Le mouvement de tapis roulant concerne les micromères et les macromères qui s'invaginent au niveau de la lèvre dorsale du blastopore
FAUX B/ L'élongation concerne les cellules impliquées dans le mouvement d'extension-convergence
FAUX C/ La divergence est un mouvement qui concerne le neurectoblaste
VRAI D/ A la fin de la gastrulation, tous les macromères se sont invaginés
FAUX E/ Aucune des réponses ci-dessus n'est exacte

Le mouvement de tapis roulant ne concerne que les micromères qui s'invaginent au niveau de la lèvre dorsale du blastopore.
L'élongation est un mouvement qui concerne les cellules (chordomésoderme) impliquées dans la migration sur le toit du blastocœle. La divergence est un mouvement qui concerne essentiellement le mésoderme ventro-latéral.

QCM 205.

FAUX A/ Grace à la technique des marques colorées on peut suivre le devenir d'un blastomère au cours de la gastrula
VRAI B/ Le rouge neutre et le bleu de Nil sont des colorants vitaux utilisés dans la technique des marques colorées
VRAI C/ La technique des marques colorées a permis de mettre en évidence la carte des territoires présomptifs de la jeune gastrula ainsi que les mouvements cellulaires de la gastrulation
VRAI D/ L'utilisation de molécule de dextran couplé à un fluorochrome permet de suivre le devenir d'un seul blastomère
FAUX E/ Aucune des réponses ci-dessus n'est exacte

Grace à la technique des marques colorées on peut suivre le devenir d'un groupe de cellules, pas d'un seul blastomère au cours de la gastrula.

QCM 206.

VRAI A/ La carte des territoires présomptifs rend compte de leur devenir naturel, si rien ne vient perturber le développement de l'embryon

VRAI B/ La carte des territoires présomptifs ne préjuge pas de l'état de détermination de ces territoires

FAUX C/ Au stade bouchon vitellin, le blastocœle est encore très développé

FAUX D/ L'archentéron n'est pas visible en coupe sagittale avant le stade bouchon vitellin

FAUX E/ Aucune des réponses ci-dessus n'est exacte

Au stade bouchon vitellin, le blastocœle a presque complètement disparu et une nouvelle cavité l'archentéron (le futur tube digestif), est très développée.
L'archentéron est déjà visible, en coupe sagittale, au stade anse de panier.

QCM 207.

FAUX A/ Au stade fente blastoporale, l'embryon a la même forme qu'en début de gastrulation

FAUX B/ En fin de gastrulation, l'endoderme a presque disparu

FAUX C/ La neurulation est caractérisée par le soulèvement des bourrelets neuraux et leur accolement dans la région céphalique, troncale puis caudale

VRAI D/ Le toit de l'archenteron se ferme au cours de la neurulation

FAUX E/ Aucune des réponses ci-dessus n'est exacte

Au stade fente blastoporale, l'embryon est légèrement allongé par rapport à sa forme en début de gastrulation.
En fin de gastrulation, l'endoderme n'a pas disparu, il sera utilisé par l'embryon jusqu'au stade prise de nourriture.
La neurulation est caractérisée par le soulèvement des bourrelets neuraux et leur accolement dans la région troncale (médiane), caudale puis céphalique.

QCM 208.

VRAI A/ La fin de la neurulation se caractérise par la séparation de l'épiderme et du neurectoderme

FAUX B/ Les somites comme les lames latérales se métamérisent au stade bourgeon caudal

FAUX C/ Le mésoderme somitique reste toujours associé au mésoderme des pièces intermédiaires

FAUX D/ La somatopleure est le feuillet interne des lames latérales, en contact avec l'endoderme

FAUX E/ Aucune des réponses ci-dessus n'est exacte

Les somites se métamérisent au stade bourgeon caudal contrairement aux lames latérales qui ne se métamérisent pas.
Le mésoderme somitique se sépare du mésoderme des pièces intermédiaires en fin de neurulation.
La somatopleure est le feuillet externe des lames latérales, en contact avec l'épiderme ; la splanchnopleure est le feuillet interne des lames latérales, en contact avec l'endoderme.

QCM 209.

FAUX A/ La calotte animale de la blastula est déterminée à donner de l'épiderme

FAUX B/ Le feuillet endodermique est le feuillet inducteur du mésoderme au niveau des macromères de la zone marginale

FAUX C/ La détermination précoce des macromères végétatifs à donner de l'endoderme est le résultat d'une induction précoce par des TGFβ d'origine maternelle

FAUX D/ L'association du macromère végétatif D4 et de la calotte animale induit in vitro du mésoderme dorsal

VRAI E/ Aucune des réponses ci-dessus n'est exacte

La calotte animale de la blastula est un territoire encore compétent et qui n'est pas encore déterminée : pour cette raison, on utilise ce territoire pour toutes les analyses de « test de la calotte animale ».
Le feuillet endodermique est le feuillet inducteur du mésoderme au niveau <u>des micromères</u> de la zone marginale.
La détermination précoce des macromères végétatifs à donner de l'endoderme est le résultat d'une « autodétermination » précoce (dès le stade 32 cellules) impliquant le facteur de transcription d'origine maternelle, VegT. L'association du macromère végétatif <u>D1</u> (le centre de Nieuwkoop) et de la calotte animale induit in vitro du mésoderme dorsal et l'association du macromère végétatif D4 et de la calotte animale induit in vitro du mésoderme ventral.

QCM 210.

VRAI A/ Le traitement aux UVs d'un œuf fécondé au niveau du pôle végétatif bloque la rotation de symétrisation

VRAI B/ Au stade 32 cellules, le macromère végétatif D1 est déterminé à donner de l'endoderme

VRAI C/ Le traitement au UV d'un œuf fécondé au niveau du pôle végétatif entraine la ventralisation de l'embryon

VRAI D/ Au stade 32 cellules, le transfert du macromère végétatif D1 à la place d'un macromère végétatif chez un embryon traité au UV induit la restauration de l'axe dorso-ventral

FAUX E/ Aucune des réponses ci-dessus n'est exacte

Le traitement aux UVs d'un œuf fécondé au niveau du pôle végétatif empêche la rotation de symétrisation, et donc, la formation du croissant dépigmenté, en désorganisant les microtubules corticaux, et entraine la ventralisation de l'embryon.

QCM 211.

FAUX A/ VegT, est un facteur de croissance d'origine maternelle exprimé dans l'œuf au niveau cortical végétatif

VRAI B/ L'endoderme est déterminé avant la transition blastuléenne

VRAI C/ L'injection d'un ARN antisens VegT au niveau de l'œuf fécondé empêche la formation de l'endoderme et une organisation correcte du mésoderme

FAUX D/ In vitro, une calotte animale traitée par VegT dans le milieu de culture évolue en endoderme

FAUX E/ Aucune des réponses ci-dessus n'est exacte

VegT, est un facteur de transcription d'origine maternelle exprimé dans l'œuf au niveau cortical végétatif.
L'endoderme est, en effet, déterminé avant la transition blastuléenne, au stade 32 cellules.
In vitro, une calotte animale traitée par VegT dans le milieu de culture n'évolue pas en endoderme : VegT n'est pas un facteur diffusible, c'est un facteur de transcription qu'il faut transfecter dans les cellules compétentes pour qu'il puisse jouer son rôle ; transactiver les gènes endodermiques.

QCM 212.

Expérience de Spemann et Mangold :

VRAI A/ L'expérience de Spemann et Mangold entraine l'organisation d'un deuxième embryon complet en position ventrale de l'embryon primaire

FAUX B/ Le greffon exerce une induction neurogène sur le feuillet mésoblastique

VRAI C/ Le greffon exerce une induction mésoblastogène d'ordre supérieur sur le mésoblaste des lames latérales de l'embryon receveur

FAUX D/ Le greffon est déjà déterminé et donne du neurectoderme

FAUX E/ Aucune des réponses ci-dessus n'est exacte

Le greffon exerce une induction neurogène sur le feuillet ectoblastique et une induction mésoblastogène d'ordre supérieur sur le mésoblaste des lames latérales de l'embryon receveur, induisant une partie de la chorde et des somites de l'embryon secondaire.
Le greffon est déjà déterminé et donne du chordomésoderme.

QCM 213.

VRAI A/ L'activine est le plus puissant inducteur du mésoderme in vitro

FAUX B/ In vitro, le FGF est un inducteur du mésoderme dorsal

VRAI C/ Les TGFβ agissent avec un effet dose sur l'induction du mésoderme

FAUX D/ Le gène XBra est activé par de fortes doses d'activine

FAUX E/ Aucune des réponses ci-dessus n'est exacte

In vitro, le FGF est un inducteur du <u>mésoderme ventral.</u>
Le gène XBra est activé par de faibles doses d'activine.

QCM 214.

L'induction et la régionalisation du mésoderme impliquent :

FAUX A/ Des facteurs de croissance qui sont des molécules diffusibles se fixant sur des récepteurs transmembranaires à activité tyrosine kinase

VRAI B/ Des protéines Wnt d'origine maternelle ou zygotique

FAUX C/ Des facteurs de transcription et leurs cofacteurs, diffusibles ou non

VRAI D/ Des protéines Wnt agissant dans le cadre de la signalisation canonique Wnt/β-caténine

FAUX E/ Aucune des réponses ci-dessus n'est exacte

Des facteurs de croissance qui sont des molécules diffusibles se fixant sur des récepteurs transmembranaires à activité protéine kinase, pas forcément à activité tyrosine kinase : les TGFβ se fixent sur des récepteurs à activité sérine/thréonine kinase.
Les facteurs de transcription et leurs cofacteurs ne sont pas des molécules diffusibles.

QCM 215.

VRAI A/ Au cours de la segmentation, l'endoderme produit un gradient croissant de TGFβ de la région ventrale à la région dorsale
FAUX B/ Au cours de la segmentation les TGFβ, Vg1 et Xnr, produits par l'endoderme sont d'origine maternelle
FAUX C/ Le centre de Nieuwkoop produit de fortes concentrations de protéines Xnr et de FGF au cours de la segmentation
FAUX D/ Le FGF est un puissant inducteur primaire du mésoderme ventral in vivo
FAUX E/ Aucune des réponses ci-dessus n'est exacte

Au cours de la segmentation le TGFβ, Vg1, produit par l'endoderme est d'origine maternelle mais les Xnr, sont d'origine zygotique.
Le centre de Nieuwkoop produit de fortes concentrations de protéines Xnr mais pas de FGF au cours de la segmentation.
Le FGF est un inducteur mineur du mésoderme ventral in vivo : c'est le gradient de TGFβ qui est important dans l'induction du mésoderme in vivo.

QCM 216.

FAUX A/ La liaison protéine Wnt-récepteur Frizzled est nécessaire et suffisante pour la transduction du signal dans la voie canonique Wnt/β-caténine
VRAI B/ Le récepteur Frizzled présente 7 domaines transmembranaires et un domaine extracellulaire riche en cystéines
FAUX C/ En présence de signaux Wnt, la β-caténine passe au niveau nucléaire et se fixe sur l'ADN au niveau du promoteur de ces gènes cibles
VRAI D/ Dans la signalisation TGFβ, la protéine smad4 permet la translocation au niveau nucléaire des protéines smad phosphorylées
FAUX E/ Aucune des réponses ci-dessus n'est exacte

La liaison protéine Wnt-récepteur Frizzled est nécessaire mais pas suffisante pour la transduction du signal dans la voie canonique Wnt/β-caténine : L'interaction des Wnt avec un co-récepteur appelé LRP--, dans le cadre d'un complexe ternaire LRP-6-Wnt-Frizzled est impliquée dans la transduction du signal dans la voie canonique Wnt/β-caténine.

En présence de signaux Wnt, la β-caténine passe au niveau nucléaire et se fixe à un facteur de transcription de type TCF-3 associé à l'ADN au niveau du promoteur de gènes cibles. La β-caténine est un co-activateur de la transcription, elle ne se fixe pas directement à l'ADN.

QCM 217.

VRAI A/ La β-caténine est un co-activeur de la transcription, d'origine maternelle, essentielle à la mise en place du mésoderme dorsal

FAUX B/ L'injection du transcrit codant le facteur de transcription d'origine maternelle, Siamois, au niveau végétatif ventral chez un embryon au stade 32 cellules donne le même résultat que l'injection du transcrit codant la β-caténine

VRAI C/ La β-caténine nucléaire participe à la transactivation du gène siamois à partir de la transition blastuléenne

FAUX D/ La β-caténine acquière une localisation dorsale et dorso-végétative chez l'embryon à partir la transition blastuléenne

FAUX E/ Aucune des réponses ci-dessus n'est exacte

L'injection du transcrit codant le facteur de transcription Siamois, au niveau végétatif ventral chez un embryon au stade 32 cellules donne le même résultat que l'injection du transcrit codant la β-caténine, mais Siamois est un facteur de transcription d'origine embryonnaire, transcrit après la transition blastuléenne : dans les deux cas, le résultat est la mise en place d'un axe surnuméraire.
La β-caténine acquière une localisation dorsale et dorso-végétative chez l'embryon dès du stade 2 blastomères et est transloquée au niveau nucléaire à partir du stade 16 blastomères.

QCM 218.

FAUX A/ La protéine Wnt10 est responsable de la stabilisation de la β-caténine dans la région dorsale de l'embryon suite à la rotation de symétrisation

VRAI B/ Suite à la rotation de symétrisation, Dsh inactive GSK-3 dans la région dorsale de l'embryon

VRAI C/ Vg1 est une TGFβ d'origine maternelle capable de mimer le rôle du centre de Nieuwkoop

FAUX D/ Les transcrits activine injectés au niveau végétatif ventral chez un embryon au stade 32 cellules sont capables d'induire une axe surnuméraire complet

FAUX E/ Aucune des réponses ci-dessus n'est exacte

C'est la protéine Wnt11 qui est responsable de la stabilisation de la β-caténine dans la région dorsale de l'embryon suite à la rotation de symétrisation.
Les transcrits activine injectés au niveau végétatif ventral chez un embryon au stade 32 cellules ne sont pas capables d'induire une axe surnuméraire complet : l'axe formé est incomplet il manque la région céphalique antérieure.

QCM 219.

VRAI A/ Les déterminants cytoplasmiques d'origine maternelle induisent l'expression zygotique d'inducteurs du mésoderme au niveau de l'endoderme au cours de la segmentation

VRAI B/ L'ectodermine est une smad4 ubiquitine ligase qui protège l'ectoblaste d'une induction mésodermisante par les TGFβ au cours de la segmentation

FAUX C/ L'ectodermine est fortement exprimée dans l'endoderme au cours de la gastrulation

VRAI D/ Les protéines Xnr sont nécessaires et suffisantes à l'induction du mésoderme

FAUX E/ Aucune des réponses ci-dessus n'est exacte

Les déterminants cytoplasmiques d'origine maternelle (Vg1, β-caténine) induisent l'expression zygotique d'inducteurs du mésoderme, Xnrs et activine, qui s'expriment suivant un gradient croissant de la région ventrale à la région dorsale, au niveau de l'endoderme au cours de la segmentation.
L'ectodermine est fortement exprimée dans l'ectoblaste au cours de la segmentation : elle le protège des signaux TGFβ provenant de la région végétative.

QCM 220.

VRAI A/ L'organisateur de Spemann est le premier territoire mésodermique déterminé en fin de segmentation

VRAI B/ La théorie des trois signaux repose sur les expériences réalisées par Nieukoop et Spemann

FAUX C/ L'organisateur de Spemann est l'inducteur du centre de Nieuwkoop

FAUX D/ L'organisateur de Spemann se situe juste sous le centre de Nieuwkoop

FAUX E/ Aucune des réponses ci-dessus n'est exacte

C'est l'endoderme dorsal, le centre de Nieuwkoop, qui est l'inducteur de l'organisateur de Spemann, le chordomésoderme.

L'organisateur de Spemann se situe au niveau dorsal, juste au-dessus du centre de Nieuwkoop, qui se situe au niveau dorso-végétatif, chez la blastula âgée.

QCM 221.

FAUX A/ L'injection de l'ARNm Xbra en position ectopique dans une blastula, au niveau ectoblastique, induit du mésoderme dorsal
VRAI B/ Le gène Xbra est un gène pan-mésodermique
FAUX C/ Le gène Xbra est exprimé dans la zone marginale ventrale, latérale mais pas dans la zone marginale dorsale
FAUX D/ Goosecoïd est un facteur de croissance exprimé au niveau de l'organisateur de Spemann, sous le contrôle des TGFβ produits par l'endoderme dorsal
FAUX E/ Aucune des réponses ci-dessus n'est exacte

L'injection de l'ARNm Xbra en position ectopique dans une blastula, au niveau ectoblastique, induit du mésoderme ventral.
Le gène Xbra est un gène pan-mésodermique, exprimé dans la zone marginale ventrale, latérale et dans la zone marginale dorsale.
Goosecoïd est un facteur de transcription exprimé au niveau de l'organisateur de Spemann sous le contrôle des TGFβ produit par l'endoderme dorsal : il est capable de mimer le rôle de l'organisateur de Spemann quand injecté au niveau de la zone marginale ventrale.

QCM 222.

VRAI A/ Chordin, noggin et la follistatin sont des inhibiteurs des BMP
FAUX B/ Frizbee est un inhibiteur de XWnt-8 et de la follistatin
VRAI C/ Au cours de la gastrulation, la dorsalisation de la zone marginale nécessite des protéines sécrétées par l'organisateur de Spemann
FAUX D/ Le domaine d'expression de XWnt-8 au cours de la gastrulation est restreint à la zone marginale ventrale
FAUX E/ Aucune des réponses ci-dessus n'est exacte

Frizbee est un inhibiteur de la signalisation Wnt (donc de XWnt-8) mais pas de la follistatin, qui est un inhibiteur de la signalisation BMP.
Le domaine d'expression de XWnt-8 au cours de la gastrulation est restreint à la zone marginale latéro-ventrale et latérale : XWnt-8 n'est pas exprimé au niveau de la zone marginale dorsale ni au niveau de la zone marginale ventrale.

QCM 223.

FAUX A/ On obtient une exogastrulation en plaçant une blastula âgée dans une solution de chlorure de lithium

FAUX B/ L'ectoderme est déterminé chez la blastula âgée

VRAI C/ L'induction du neurectoderme se fait par défaut

VRAI D/ Pendant la gastrulation, l'induction du neurectoderme requiert un contact entre l'organisateur de Spemann et l'ectoblaste sus-jacent

FAUX E/ Aucune des réponses ci-dessus n'est exacte

On obtient une exogastrulation en plaçant une blastula âgée dans une solution hypotonique de <u>*NaCl à 0,35%*</u>*. Le chlorure de lithium est un agent dorsalisant.*
L'ectoblaste est un territoire encore compétent chez la blastula âgée.

QCM 224.

FAUX A/ BMP4 est un inducteur neurogène

VRAI B/ La calotte animale d'une blastula, mise en culture, se différencie naturellement en épiderme

VRAI C/ BMP4 est l'inducteur de l'épiderme et un inducteur du mésoderme ventral

VRAI D/ L'injection d'un ARN codant un récepteur dominant négatif de BMP4 conduit à la dorsalisation de l'embryon

FAUX E/ Aucune des réponses ci-dessus n'est exacte

BMP4 <u>*n'est pas*</u> *un inducteur neurogène, c'est l'inducteur de l'épiderme et un inducteur du mésoderme ventral.*

QCM 225.

VRAI A/ L'inhibition de la signalisation BMP est suffisante pour l'induction neurale

FAUX B/ L'injection d'oligomorpholinos dirigés contre noggin empêche la formation du tube neural

VRAI C/ L'injection d'oligomorpholinos dirigés contre noggin, chordin et follistatin empêche la formation du tube neural

VRAI D/ L'injection d'oligomorpholinos dirigés contre les BMP neuralise totalement l'ectoblaste

FAUX E/ Aucune des réponses ci-dessus n'est exacte

Pour empêcher la formation du tube neural, il faut injecter des oligomorpholinos dirigés contre noggin, follistatin et chordin : il faut bloquer totalement les 3 inhibiteurs de la signalisation BMP produits pas l'organisateur de Spemann.

QCM 226.

VRAI A/ Des gradients planaires de protéines diffusibles sont nécessaires à la régionalisation du tube neural

FAUX B/ Le FGF à des concentrations élevées favorise la mise en place des structures neurales antérieures

FAUX C/ Les inhibiteurs de la signalisation BMP sont les seules molécules impliquées dans la régionalisation du neurectoderme

FAUX D/ Noggin est un inhibiteur des FGF

FAUX E/ Aucune des réponses ci-dessus n'est exacte

Le FGF à des concentrations élevées favorise la mise en place des structures neurales postérieures : il participe au gradient planaire impliqué dans la régionalisation céphalo-caudale du tube neural.
Les inhibiteurs de la signalisation BMP (chordin, noggin, follistatin) sont des molécules impliquées dans la mise en place du cerveau « par défaut ». La régionalisation du neurectoderme implique de nombreuses autres molécules et en particulier tous les signaux planaires (XWnt-3a, FGF acide rétinoïque).
Noggin est un inhibiteur de la signalisation BMP.

QCM 227.

VRAI A/ Un champ morphogénétique est un groupe de cellules pluripotentes dont l'avenir est orienté de façon irréversible

VRAI B/ Un champ morphogénétique ne présente pas de différenciation morphologique visible

FAUX C/ Un champ morphologique ne présente plus de capacité de régulation

FAUX D/ Au stade lèvre dorsale du blastopore, la lèvre dorsale représente le champ morphogénétique de l'endoderme pharyngien

FAUX E/ Aucune des réponses ci-dessus n'est exacte

Un champ morphologique présente encore une certaine capacité de régulation qui se perdra progressivement par la suite : la moitié du champ morphogénétique du membre antérieur greffé sur un bourgeon caudal receveur donnera encore un membre parfaitement formé (même si de plus petite taille).
Au stade lèvre dorsale du blastopore, la lèvre dorsale représente le champ morphogénétique du chordomésoderme : à ce stade, l'endoderme pharyngien et le mésoderme préchordal sont déjà invaginés.

SOMMAIRE

Aubin
IMPRIMEUR

Achevé d'imprimer en août 2014
N° d'impression 1407.0384
Dépôt légal, août 2014
Imprimé en France